JN105509

地域を救う不思議な方法

―農哲流共生進化論―

森 賢三

文芸社

目次

はじめに

私が今住んでいる和歌山県下津地域は、４００年も前からみかん栽培に取り組んできました。そして２０１９年に「下津蔵出しみかんシステム」として日本農業遺産に認定され、２０２１年には隣接する有田地域が「みかん栽培の礎を築いた有田みかんシステム」として、日本農業遺産に認定、現在は両地域が力をあわせて世界農業遺産の認定を目指して活動しています。

地域資源には恵まれています。素晴らしい歴史もあります。しかしながら地域の課題は他地域と同様で、農家の後継者問題や耕作放棄地問題、空き家問題や地域経済の衰退など、多くの課題を有しています。

一方世界に目を向けてみると、２０２０年から始まったコロナの問題や、ロシアのウクライナ侵略、世界規模の食糧問題やインフレによる経済の混乱、更には自然災害もますます甚大な被害となり、世界は今瀕死状態です。

両者の課題はかけ離れており、地域に住む私たちにとって、世界規模の課題には心を痛めながらも、目の前の課題と向き合いながら日々を生きていくことで精一杯です。

しかし、この世界で起きている事象のすべては、根っこで繋がっています。私たちの目の前で起きている課題と正面から向き合い、その課題の解決に向けて一生懸命頑張ることは、その根っこにできている傷を癒していくことであり、その傷が癒されれば、世界を支えている根っこも再生されていきます。

世界で起きていることに意識を向けながらも、いま私たちにできることに全力で取り組むことが、結果として人類を救います。

私たちが暮らすこの地域が、いつまでも元気で豊かで楽しい地域でいてほしい、誰もがそう願っていると思います。そのための情報（ノウハウ）も沢山発信されています。しかし現実はそうなっていないのはどうしてでしょうか。

原因は沢山ありますが、最大の原因は「ひとまかせ」にあります。

本書のタイトルを見て手に取ってくれたあなたは、自分の地域を何とかしたいと思ってくれている人です。であればどんな小さなことでもよいので、まずは行動を起こしてほしいのです。そんな人は、第2部実践編から読んでみて下さい。第2部では私がこれまで取り組んできたことや、今まさに取り組んでいることを事例として紹介しています。そして様々な人に参加を呼び掛けています。あなたが近しい人であったなら、どんなメッセージに反応してくれるでしょう。その内容を自分の地域に置き換えたとき、具体的に何が出来るでしょう。一つでもヒントを見つけて頂ければ嬉しいです。

しかしあなたが、地域でリーダーとして活動を引っ張っていこうとしている人なら、ヒントを見つけるだけでは不十分です。その事例の設計思想となっている理論（哲学）をしっかりと身につけなければ、自分の地域の課題に応用することが出来ません。成功事例を紹介している本などは沢山あります。しかしその成功事例にはどのような哲学が貫かれているのかを読み解かなければ、「私たちのところにはそんな地域資源はない、キーパーソンとなるような人材がいない」、となってそこであきらめてしまいます。

本書では、実践編（第2部）で貫かれている理論とは一体何か、を理論編（第1部）で語ります。しかし理論編は少々難解です。やはり地域のリーダーを目指している方であっても、まずは実践編から読んで頂くことをお勧めします。そして面白いと感じて頂けたなら、理論編を読んでみて下さい。難解なところはどんどん読み飛ばしてください。それでも何かが心に残るはずです。そして再び実践編を読んでみて下さい。最初に読んだ時よりも、ナルホドと思って頂けるのではと思います。

私はこれまで農哲シリーズという本を出してきました。この本でいえばすべてが理論編というような少々小難しい本です。しかしそれらの本を読んできてくれた人であるなら、むしろ理論編で私が新たに何を語っているのかに関心を持ってくれていると思います。

農哲シリーズでは微生物の世界や電子の世界を語ってきました。勿論そこでは波動の世界も語っているのですが、今回は私の原点である波動の世界に立ち戻り、量子力学的な視点で新しい進化論（共生進化論）を語ります。

是非タイトルにある「不思議な方法」の正体を確かめて下さい。

本書をどのような順で読むかはあなたの自由です。

しかし結果として、何らかの行動につなげてほしいと心から願っています。

序文　新時代の幕開け

私たちが生きるこの世界は、まもなくその幕を下ろします。

こんなことを田舎のみかん農家のおじさんが語ったところで、何の説得力もありません。いえ、私は皆さんを説得しようなどとは思ってもいません。

ただ、この本の著者はこんなことを考えていると知っておいていただきたいのです。だからと言って暗くて重たい話をするつもりもありません。むしろワクワクとポジティブな話にしたいと思っています。なぜなら、幕を下ろすという事は、「新たな時代（新時代）の幕が上がる」という事でもあるからです。

本題に入る前に、私がなぜこのように考えるようになったのか、私の人生を簡単に振り返ります。

私は和歌山のみかん農家の三男として生まれました。子供のころから環境問題に関心があった私は、環境問題を学べる大学に進学し、卒業後は環境問題のコンサルタントとして活動を始めました。

市町村や県、国、研究機関、さらには民間といった様々な立場の環境問題に対

する お仕事をさせて頂き、最新の情報を学びながら、有識者の先生方のお話も直接聞かせて頂きました。そして学べば学ぶほど、私は絶望感でおおわれていきました。

この世界は既に終わっているではないか。今からどんな対策をしたところで、元に戻すことは不可能だ。なのに人類はなぜその現実を見ようとしないんだ。いつまでこんな生ぬるい生活を続けるつもりなんだ。

しかし、不可能だと知ってしまっても、それに気づいた人間の責任として、最後の瞬間まで自分にできる努力を続けなければならない。

そう思いなおして活動を続けました。しかし、自分にできる努力を必死に続けても、そこに変化を生み出すことはできませんでした。「焼け石に水」といわれますが、必死になって絞り出した水滴も、焼け石に届く前に水蒸気となって消えてしまうのです。ほんの小さな爪痕を残したいと願いましたが、対象に触れることすらできない現実は、自分はなんて無能でちっぽけな存在なのかという新たな絶望感に襲われ、もうこの辺でやめてもいいよねと思ったのです。大学を卒業してから30年近い年月が経っていました。

私は三男として生まれたので、和歌山に帰ることなど全く思ってもいませんでしたが、実家に色々な事が起こり、三男の私が両親の生活サポートをすることとなりました。これをよい機会と考え、それまでの仕事をすべて店じまいし、実家に帰って家業のみかん栽培を手伝うことにしました。

そのころ父はまだ現役で農作業をしてくれていたので、私が全力で家業を継がなければならない状況ではなかったし、今ではリモートワークは当たり前となっていますが、そのころでもコンサルという仕事は、パソコン一台でどこでも仕事ができる状況ではありましたが、全ての仕事に終止符をうちました。

最新の情報を追いかけることも、有識者の話を聞くことも一切やめ、人類の最後の瞬間がくるまで農業をしながら穏やかに過ごそうと思いました。

仕事を辞めるころ、人類に最後のカードが残されているとすればそれは農業だと思っていました。しかし農業の世界に飛び込んだのはたまたまです。自分が農業をしても何かできるとは思っていなかったし、実家が別の仕事をしていたなら、きっとその仕事を引き継いでいたでしょう。しかし、農業との出会いが私の中に大きな変化を生み出すこととなりました。

日々、農（自然）と向き合う生活が始まりました。私は環境問題に取り組んできたので、自然農には関心がありましたが、自分が自然農に取り組むという覚悟はありませんでした。ただ一点こだわったのは、「美味しいみかんを作りたい」でした。その頃のみかんは美味しいとは思えず、自分が食べたいと思うみかんを作れなければこの仕事を続ける意味はないと考えました。

そして最初に取り組んだのが除草剤を使わない（草を刈る）農業でした。

来る日も来る日も草を刈りました。

そして草を観察していると、草（自然）の向こうに一定の法則があることに気づきました。そして一つの法則が腑に落ちると、新たな法則が次々と目の前に現れました。その法則は自然界のいかなる場面も貫いていましたが、コンサルをしていたころに向き合っていた人間社会をも貫いていました。

コンサルをしていたころの私は、人類が沢山の間違いを犯していることは理解していましたが、その間違いを指摘する有識者の言葉はどれも難解で、もっと平易な言葉で危機的状況を伝えたいと思っていても、それを言葉にする能力はありませんでした。

しかし農から学んだ法則を用いれば、人類はどこで間違ったのか、そして何をどのように正せばよいのかを言語化できるようになりました。これらの気づきを一冊の本としてまとめようと思い、『農から学ぶ哲学』という本を出版しました。これを「農哲」と呼び、シリーズとして3冊の本を出版しました。

農と向き合うことで、私は哲学者になりました（笑）

日々草を刈り続けることで、私の中にもう一つの変化が生まれました。自然界が発するエネルギーをなんとなく感じることが出来るようになってきたのです。最初は草を通じてエネルギーの変化を感じました。私は草を刈り始めて10年程度しかたっていませんが、最初のころは年間で3〜4回刈れば、農作業に困ることはありませんでしたが、途中から草が暴れはじめ、今では年間で5〜6回草を刈らなければ、畑を維持することが出来ません。

地球が発する人類に対する怒りのエネルギーが草に影響を与えているように感じます。そしてその怒りのエネルギーは、急激に大きくなっており、人類を滅亡させるために思いっきりアクセルを踏み込んだように感じます。


自然が発するエネルギーの流れをなんとなく感じることが出来るようになると、人間が発するエネルギーも感じることが出来るようになってきました。この世界（物質世界）とエネルギーの世界（意識世界）は表裏一体であり、現実は全て意識によってつくられていることがわかってきました。

コンサルをやっていたころは、人類を救うことはもはや不可能だと絶望していましたが、それは私が人類を救うための答えを知らなかっただけでした。答えはありました。


意識を変えれば、この世界を変えることが出来ます。

畑と向き合うことで、私はスピリチュアルな人になりました（笑）

以上のことから私が出した結論は、
人類の意識が変われば、この世界は救われ、新時代の幕が上がる
というものです。

実にシンプルですが、実に難解です。こんなことで救われるのであれば、人類はとっくにその答えを見出していたし、出来ないからこそここまで追い詰められたのです。

これから人類はこれまで経験したことがないような試練に立て続けに見舞われるでしょう。だからこそ、そこに最大のチャンスが生まれます。そんな人類史上最大の舞台が私たちの前に現れます。この時代に生きている私たちはその目撃者となります。見ているだけでもとてもすごい舞台ですが、更に楽しむ方法があります。それは一緒に舞台に立つことです。

私もあなたも、新時代の幕を上げる一人となることです。だからと言って難しい役を演じる必要はなく、自分が出来る役を演じるのです。あなたの舞台は、あなたが日常生活をしている、その場所です。

本書は、「理論編」と「実践編」の2部で構成されます。

理論編では、まずこの世界を救うには意識を変化（進化）させることが必要なので、「進化」とは何かについて考えます。そして皆さんが演じる舞台としては「地域」が考えられます。では地域を進化させるためのポイントは何か、を整理します。

実践編では、私が和歌山に帰り、下津という「地域」で実践してきたこれまでの取り組みを事例として取り上げ、理論編で取り上げたポイントのどの部分をどの様に活用しているのかを解説し、より理解を深めて皆さんの実践に活用して頂ければと思います。

特に「6章　みかんのもりプロジェクト」は現在進行形の取り組みであり、ライブ感を取り入れながら、そこだけ読んで頂いても楽しい作品にしたいと思います。

そして読み終わった後に、「自分にも何かできる」と少しでも感じて頂けたら嬉しいです。

新時代の幕を上げる共演者になってください！

第1部　理論編

1章　共生進化論

進化といえば「ダーウィンの進化論」が有名ですが、一般に進化とは生物進化のことを指し、長大な時間経過とともに、より高度で複雑な生物へと変化することを指します。そして今では技術の進化など、様々な場面でこの言葉が使われています。しかし「意識の進化」と言ってしまうと、何かニュアンスの違いを感じます。

生物は絶えず、小さな変化（変異）を繰り返しています。それはコロナの変異株で実感したところです。農業の世界では、新しい農薬が開発されても、2～3年でその新薬に抵抗性を持つ虫が現れ、その農薬は効かなくなる場合があります。このような現象は、日々の小さな変化によって、その時々の環境に適応した個体が生き残った結果です。しかしこれを「進化」とは呼びませんよね。あくまで環境に「適応」して生き残っただけなのです。この小さな適応の積み重ねが長い時間を経て大きな変化を生み出します。しかし適応の積み重ねはやはり適応でしかなく、それを進化と呼ぶのはおかしいと感じます。

技術の進化も同様です。産業革命のように画期的な技術が開発され、この社会に大きなインパクトを与えることはありますが、通常は日々「改善」を重ね、その時代を生き抜いてきた結果が技術の進化です。

「意識の進化」と言ったとき、私は「意識レベルを引き上げる」という意味で用いますが、「進化」という言葉には前述の意味合いが広く浸透しているので、「真の進化」（レベルの向上）を表す新しい言葉が必要だと感じていました。その新しい言葉として「共生進化」という言葉を提案したいと思いますが、その前に従来の進化と真の進化の違いを考えます。

従来の進化は、あくまでも生き残ることを目的としています。周りの環境の変化に自らを合わせていく変化です。このような変化は自らが生き残ることが大切であって、その変化が結果として周りに影響をもたらす可能性はありますが、今日の人類が抱える課題を解決する力はありません。一方、真の進化とは未来に対して能動的に関与していく変化です。新たなエネルギーを生み出し、未来を創造する変化です。

このような変化を適切に表す言葉はないだろうかと探していた時、一冊の本に出合いました。『脳と森から学ぶ日本の未来　〝共生進化〟を考える』（WAVE出版、稲本正著、2020年）です。実は最初、「脳」を「農」と勘違いして絶対読まなければと思ったのですが、直ぐに間違いに気付き、改めて中身を確認し、これはぜひ読まなければと購入しました。買ったときは、サブタイトルはほとんど意識していなかったのですが、途中から「共生進化」という言葉が使われていることに気づきました。これこそ私が探していた言葉にぴったりだと感じました。

本書では、「真の進化＝共生進化」として使用します。しかし、稲本さんはこの本の中では、「バラバラに発展してきた個の知を融合（共生）させて、新たなる進化を生み出す」という使われ方をしています。稲本さんの語る世界はとても深く、私がその足を引っ張ってはいけないのですが、導かれた答え（目指す世界）は重なっていますので、この言葉を使わせて頂きます。

意識の進化とは意識の共生進化であり、意識レベルを引き上げていくことだとして、そのことがなぜこの世界を救うことにつながるのかを次に見ていきます。

今日の人類を危機的な状況にまで追い込んだ諸問題の根底にはいったい何があるのでしょうか。

私たちは自らを全体から独立した「個」として認識しています。自らにとって好ましい（都合の良い）選択をして行動します。これが利己主義となります。

しかし、私たちは独立した「個」であるという認識は正しいのでしょうか。それは錯覚であり、自分だけが独立して生きていける世界など、少なくとも自然界には存在しません。全ての生命は全体の中に溶け込んでおり、その中で周りに生かされて存在します。植物は花を咲かせて蜜を生み出し、身体は虫に食べられてやがて生命の源の土に還ります。周りを生かすために生命を輝かせますが、そのことが結果として周りから自らを生かされることにつながります。

今日の人類の営みは、この自然界の法則から大きく逸脱してしまいました。自分は独立した「個」であるという錯覚が積み重なって、人類としての利己主義が暴走した結果が今日の諸課題の根本的理由です。そもそも人類が自然界から分離して存在するという感覚（錯覚）が間違っていたのです。ですから諸課題の解決に向けては、その根底に存在する分離感を消していかなければなりません。

では、意識レベルを引き上げることがこの分離感を消していくことにつながるのでしょうか。

その答えは、私のバイブルでもある『パワーか、フォースか　人間のレベルを測る科学』のなかで詳しく述べられています。この本では、人間が発するエネルギー（感情）がどの意識レベルに該当するかを解説しています。そして意識レベルにはターニングポイントがあり、そのポイントから低いエネルギーレベルを「フォース」と呼び、そこは分離の世界です。そして高いレベルを「パワー」と呼び、そこは統合・融合の世界です。ちなみに農哲シリーズでは前者を「腐敗モデル」、後者を「発酵モデル」と呼んでいますが、意識レベルを引き上げることによって皆でターニングポイントを飛び越えると、分離感が消えてゆき、利己主義から利他主義へと意識が転換してゆきます。意識の進化によって人類の意識を利他主義に変えることが、諸課題を解決するための答えなのです。

しかし意識レベルを引き上げるといっても簡単にできることではありません。自らの意識を変えることすら簡単には出来ません。一生をかけてどこまで引き上げることが出来るかというくらいのテーマであり、それを人類全体の意識レベルを引き上げるとなると絶望的です。上記の本の中でも人類全体の意識レベルが語られていますが、長い年月をかけても、その変化は微々たるものだと言っています。

私たち人類は、特に近世においては大きく変化し、生活も豊かになったと感じます。しかし意識レベルにおいてはその変化はほとんどないのです。それが証拠に、今日においてもロシアがウクライナを侵略するといったことが起こるのです。人類は何も進化していないという現実を見せられています。

人類全体の意識レベルを引き上げることが困難であることは、歴史が証明しています。しかし可能性はあります。可能性を信じてまずは自分の意識を変えてみましょう。

では、実際に意識を変えるにはどうしたら良いでしょう。

個人の意識を変える方法は、既に農哲シリーズの『農から学ぶ「私」の見つけ方』で紹介しました。ポイントだけ述べるなら、

・外の世界に答えを求めるのではなく、内に意識を向けよう（中真とつながる）
・過去や未来にとらわれず、今に集中しよう（今、が全て）
・今できることをやりきろう（行動する）

ですが、詳しくは是非一読いただくとして、本書ではこの先の話を述べます。

一人ではなく複数の人と一緒に取り組む方法です。

この時の重要なポイントは「共鳴」です。

量子力学では、全ての物質は素粒子としての性質と同時に波の性質も有するといっています。そして人間が発する意識も波なので、波動の法則（打ち消しや共鳴など）によって、全ての物質に意識が影響を与えるといいます。

このことから意識がこの世界を創造しているのではないかという仮説が生まれます。この仮説によって、「意識を変えることでこの世界を変えることができる」という本書のテーマが生まれています。

先に示した『パワーか、フォースか　人間のレベルを測る科学』では、意識のレベルを上げるとは波の周波数を上げていくことだと述べていますが、周波数とは振動数のことで、この振動数を上げる方法として、共鳴現象を活用します。

学校で音楽の時間に音叉で実験した経験を皆さんお持ちだと思いますが、同じ波形が重なると新たなエネルギーが生み出されるのが共鳴です。同じ波形が重なることで、そこに新たなエネルギーが生まれ、振動数が引き上がります。

共鳴現象はたった一人でも起こすことはできます。意識が発する波と行動によって生み出された波を共鳴させます。これでも変化（結果）を生み出すことはできます。これは、考えているだけで何も行動しなければ何も変化しないし、言われるがまま何も考えず行動しても何も生みださないことを表しています。意識と行動を共鳴で繋ぐことで初めて変化（成長）が生まれます。

しかしこの共鳴は複数の人と力を合わせることで、より簡単に起こすことが出来ます。お互いに育ちあう関係を作っていきます。

複数の人と育ちあう関係を作ろうとした時、さらに二つの関係が考えられます。

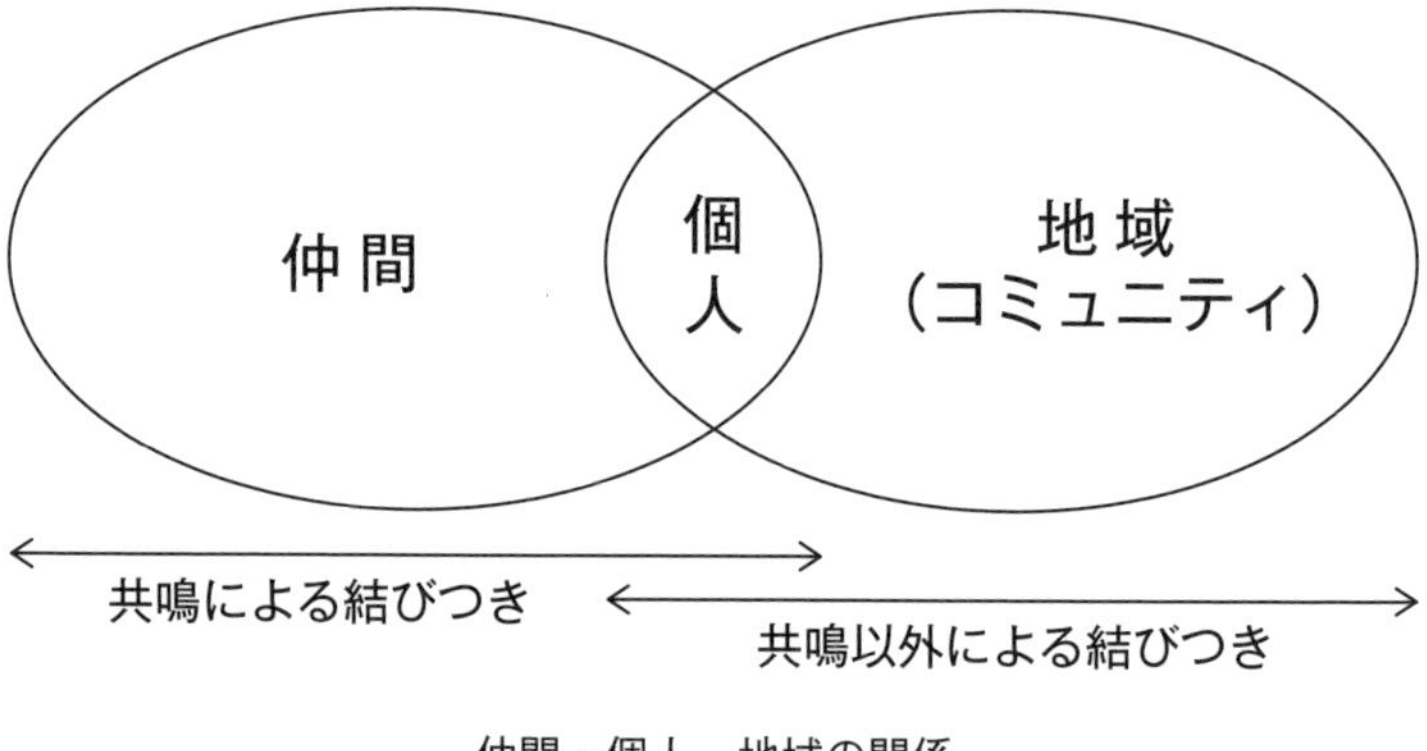

仲間・個人・地域の関係

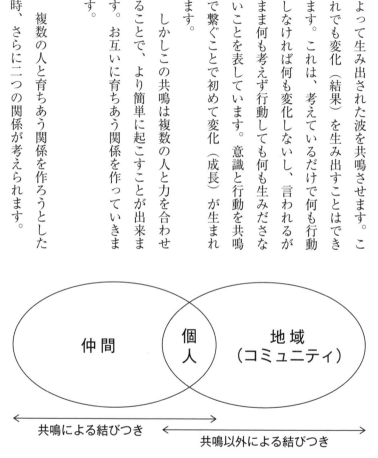

一つは共鳴によって結びついた集団「仲間」です。サークルなど同じ趣味を持っている人たちや、ボランティア活動の現場など、同じ価値観を持っている人たちです。既に共有する波形を有しているので、共鳴現象を起こすことは容易です。既にある波形をさらに強めていくことや、趣味を生かしたボランティア活動に取り組むなど、共通の波形の範囲を広げていく方法です。

もう一つは、共鳴以外によって結びついた集団「地域」です。地域は一つの事例ですが、もっとも代表的です。生活空間が同じという理由で強制的に結ばれた関係です。そこには様々な意識レベルを持つ人たちが混在しているので、そこで共鳴現象を引き起こすことは困難ですが、そこにチャレンジしないと、その先にある世界を救うところには進みません。なぜなら地域は世界の縮図だからです。

相手の中に小さな共通点（波形）を見つけ出し、その波形を揺さぶる（共鳴させる）ことで、相手の意識（波形）を少しずつ変化させせます。これは困難な作業ですが、だから楽しいいし成功すればその効果も大きくなります。

地域は、空間という器に様々な意識レベルが閉じ込められているので、意識同士がぶつかり合い、様々な変化を生み出します。意識同士のガチンコ勝負が出来る舞台が地域です。意識を変化させるためにはそのきっかけとなる刺激が必要であり、地域にはその刺激がたくさんあります。

しかし、この刺激も大きくなるととてもつらい思いをすることになります。人類全体の意識レベルを引き上げるのはとても困難ですが、その可能性を高めるためには人類の意識を思いっきり「揺さぶる」必要があります。

その始まりがコロナであり、ロシアのウクライナ侵略でした。「揺さぶり」は始まったばかりで、世界規模の食糧危機やハイパーインフレによる世界経済崩壊、そしてとどめは世界規模の自然災害です。どれだけの試練が人類を襲うのか想像がつきません。刺激という言葉をはるかに超えた惨事に人類は見舞われます。しかしそれらの惨事は人類の意識を目覚めさせるためです。現象は必然によって起こるので、先回りしてその芽を少しでも摘むことが出来るなら、大難が小難へと変えられます。先頭を切って地域の刺激に飛び込むことに意義があります。

私たちの力で世界をどうにかすることなどできませんが、日本を大難から小難にするための手伝いは出来そうです。

この世界に出現する課題は、分離感によって生み出されています。私たちの魂がこの世界で迷子になってしまったから、「助けて！」という叫びが課題として目の前に現れているのかもしれません。

そして私たちの魂を救うためには、分離感を生み出す元となっている境界線を消していくことです。それは利己主義から利他主義へと意識を転換させることでした。意識の転換は共鳴現象をうまく活用して行うことができます。その結果意識のレベルは向上（進化）していきます。

共鳴現象によって進化させる方法を「共生進化」と名付けました。

それが具体的にどういうものなのか、事例を交えながら次章以降で見ていきましょう。

2章　地域再生の処方箋

『地域再生の処方箋　～スピリチュアル地域学～』（文芸社、森賢三著、2009年）は、今から10年以上前に書いた本で、当然共生進化という考え方もまだ持ってはいませんでしたが、波動のことは学んでいて、人間も地域も固有の波動があり、その波動を高める方向で取り組んでいくことが地域を再生する道である、という内容となっているので、この本は完全に地域共生進化論です。ただ、残念なことにこの本はすでに絶版となっています。本書の参考図

『地域再生の処方箋』表紙

書としてこの本も読んでいただきたいのですがそれができません。なので、本の構成に沿って概要を示し、共生進化の視点から補足をしていきたいと思います。

第Ⅰ章　「魂」という視点から見た「地域」

①「成長の場」としての地域

〈概要〉

魂の成長は人生においての様々な経験を通して得られるものだから、日常を営む「地域」は魂が成長する場として設計されていることが望ましい。なので、その設計においては「ノイズ（人間のエゴ）を増殖させない」「人とのかかわりを切らない」ことが重要な基本ルールとなる。

〈補足〉

ノイズが存在すると、共生進化のための共鳴現象がうまく起こせません。そのためにノイズを消していくことが重要となりますが、地域のノイズを消していくと地域の個性が浮かび上がってきます。地域の個性を大切にすることが成長の場としての機能を発揮することになります。

②正しきリーダーを選ぶために

〈概要〉

地域のリーダーは、魂が成長した人（進歩度の高い人）でなければならない。なぜなら地域での意思決定は、その責任を背負えるものだけに与えられた権利だからだ。しかしそのような資格を有する人を今日の選挙制度では選ぶことができない。新たな選挙制度を導入しよう。それはすべての地域住民の中から、最も「進歩度の高い人」を選出する方法だ。自らの一票を周りの人の中から最も信頼する人に預けよう。そのことで信頼のネットワークが構築されると、ある一点に票が収束していく。

〈補足〉

実に刺激的な内容がたくさん指摘されている項目です。

平等とは等しく分けるのではなく、個々の能力に応じて背負える荷物を背負っている状態であるとか、多数決はだれも責任を持たなくてもよい制度であり、責任を伴わない意思決定は何ももたらさないとか、これを書いた14年前、私は何かに怒っていたのかもしれません。

また新たな選挙制度とは、よりエネルギーの高い人へと個々の一票が流れていく仕組みです。その頂点に立つ人は、最も強いエネルギーを発振できるので、共生進化を起こしていけます。しかし、100年早い提案でした。

第Ⅱ章　地域と経済を支える「循環」

①お金の功罪と地域通貨

〈概要〉

お金はエネルギーであり、その使い方次第で良くも悪くもなる。お金の欠点は蓄えると利益を生み出す点にある。エネルギーは絶えず流れ続けないと腐敗を起こす。お金の仕組みを変えてしまおう。時間とともにその価値が消えていく「地域通貨」が有効だ。地域通貨は地域内でのみ有効なので、地域内の循環も促進する。そしてこのような仕組みを維持するための「地域銀行」も必要だろう。

〈補足〉

この項目も刺激的です。預金は預ける側が管理費として銀行にお金を支払うべきだし、銀行の融資も地域に貢献するサービスに対して行われるべきだといいます。発想の転換が斬新です。

お金はとても良いツールであり、人と人の縁もつないでくれます。共鳴の下地を整えるために、お金が持つ機能をうまく引き出していきましょう。

②自動車とまちづくり

〈概要〉

道路が整備されればされるほど、人間主役から自動車主役へと町の姿が変化し、自動車は地域の「つながり」（関係性）を破壊してきた。高速道路が開通すると、地域を守る結界に「穴」が開き、人も資源も都市に吸い取られてゆく。自動車はすべてが悪ではないが、自動車を使うこと自体が不自由な環境も整えていかなければならない。

〈補足〉

地域のつながりを再生していくことは、地域にとって死活問題です。関係性がないところに共鳴は起こりません。地域には異なる強みを持った多様な人々が暮らしますが、関係性がないとその強みも発揮されません。個々の強みがお互いを支えあう仕組みを整えていくことが地域の共生進化を支えます。

③正しい食と「地産地消」

〈概要〉

地域が自立するためには、最低限「食」と「エネルギー」と「水」の自立が必要である。食については地産地消の取り組みが有効で、消費者と生産者の関係性が構築されることにより、地域経済や安全性にも良い影響が生まれている。

〈補足〉

農業は本書の主たるテーマでもあるので、補足は省略します。

ただこの本の中で、『近い将来、お金をいくら積み上げても諸外国が日本に食を提供してくれなくなる時代は必ず来ます。そうなると、地域から都市へと向かう人の流れは逆転し、都市から地域へ人は向かい始めます。まもなく「農の時代」が始まります』と書いています。14年前の予測が今、現実になろうとしています。

第Ⅲ章　「美しき」地域の創造

①エネルギーとライフスタイル

〈概要〉

エネルギーで自立した地域を目指すためには、地域内でエネルギーを生み出すとともに、地域内で消費するエネルギー量を削減する必要がある。地域のエネルギー効率を高めるには、一人ひとりがあるいは一つの組織が多様な役割を担うことである。また、地域内でエネルギーを生み出す場合も、多様なエネルギーと共存する仕組みを整えていこう。

〈補足〉

エネルギーを取り出すときに効率性を重視して大規模に取り出そうとすると、新たな社会問題を引き起こします。小さく取り出し、現場の状況に合わせて異なるエネルギーを組み合わせることで、エネルギー同士が支えあう関係が構築されます。支えあう関係づくりは、様々なテーマで共生進化の基本となります。

②水のメッセージ

〈概要〉

地域における水循環は、適切に維持されないと地域という体がダメージを受ける。水を澱ませてはならない。水は絶えず流れている（変化する）ことが必要で、そのことによって水は健全な状態で保たれ、良質のエネルギーを地域全体に運ぶ。三面護岸を流れる水は、水の流れに変化がなく、石を配置するなどして流れに変化を作り出さなければならない。「連続し多様であること」が多くのテーマに共通する原則である。

〈補足〉

水は神（火水）の分身だけあって実に不思議な物質です。その謎はどこまでも深く、水の本質を極めるのは容易ではありません。しかし水環境を整えるととても心地よく、地域の景観も良くなります。地域を流れる川に注目して、より愛される川にしていくことは、地域全体に良いエネルギーを運んでくれることにもなり、そのことが新たな共鳴を生み出します。

③美しい風景

〈概要〉

「美しい」地域はどこも個性的で、また元気な地域である。美しさにこだわることは、地域に経済的効果も生み出す。地域の個性を光らすための具体的方策として、地域に自然環境を取り戻す／不要なものを地域から削り取っていく／地域に伝わる歴史や文化をしっかりと継承していく　などがある。

〈補足〉

地域の風景はそこに住む住民の心の風景を映し出します。ですからそれを整えることは、人々の内面を整えていくことでもあり、とても重要な取り組みです。
美しい地域は（内面の）美しい人間によって創られ、美しい人間を育みます。
美しい人間はとてもポジティブなので、地域全体が元気になるのです。

第Ⅳ章　「人」づくりとしての「地域」づくり

①地域での教育

〈概要〉

地域はそこに暮らす人々によって創り出されるものなので、地域づくりには人づくりがとても大切となる。

人の成長＝関心×理解×行動　であり、これは三位一体を表していて、一つでも欠けると成果（成長）は生まれず、成果を最大化するにはバランスが大切。

これらの要素を地域の中に取り込んで、地域全体を学びのフィールドにしていきたい。

〈補足〉

昔の私の仕事が強く反映されている項目です。今では「行動」がすべてであり、行動の中で関心や理解が育まれていくと考えています。ですから、地域全体を学びのフィールドにしていくには、誰もが参加できる行動の機会を創出することであり、特に子供たちが対象の場合、自然と向き合う機会がとても有効と感じます。しかし、今日の課題は地域で人づくりを推進していく「人」をどのように育成していくかです。現在の教育体系そのものにメスを入れていかなければならない根深い問題です。

②地域経営と市民参加

〈概要〉

地域を変えるために市民参加という手法が使われるが、そこでは参加する市民が成長するという機能を内包させることが必要不可欠である。そこは自己実現の場であるべきで正しくは「市民主体」である。

また、持続可能な地域とは、地域を構成する私たち一人ひとりの成長によって地域が成長し続けることで、地域の中に多様な関係性を構築していくことである。

〈補足〉

本項目も昔の仕事の内容を書いています。全般的に理屈っぽいですが（笑）

そして「公共」についても触れていますが、「公共」の本質と「進化」との関係性については十分な考察ができていません。そこは本書で読み取ってください。

③ソーシャル・マーケティング

〈概要〉

ソーシャル・マーケティングとは、「社会的価値の共鳴」によって人と人との間に新たな関係性を構築していくことであり、その関係性は「信頼」や「感動」によって構築される。そしてその関係性は簡単には壊れない。すなわち「壊れにくい多様な関係性を構築し、様々な地域課題を解決していくこと」である。

しかし人は、魂の成長段階によってその反応は異なるので、アンケートの手法を用いてグループ化（セグメント化）を試みた。すると魂の成長度合いは、個人と社会との距離感（「公」との距離）と物事と向き合う時の姿勢（行動力）で説明できることが分かった。

〈補足〉

これは私が調査会社で研究していたテーマです。利己から利他へと意識の転換が進み、すぐに行動に移せる人ほど魂の成長は早く、地域の中で地域を変えるためのキーパーソンとなっていくことを明らかにしました。そしてそういう素質を持つ人はどこにでもいます。そういう人を見出し、重要な役割を担ってもらうことが地域を変えていくためには重要です。

④地域の発展とスピリチュアル

〈概要〉

一般的な心理学では、人間の精神的な成長を「自我の発達」と呼び、その目的地を「自我の確立」と呼ぶ。さらにその先は「自我を超越」し、最後は「悟り」に至る。そして社会も人間と同じプロセスで成長する。

そして成長のためには、光と影、精神的価値と物質的価値といった軸の両端を融合させることである。

〈補足〉

本書では、地域を救う方法として、「利己から利他へ」「分離から融合へ」という視点を示していますが、14年前にすでにその答えを導き出していましたね。それはすごいことと思いますが、この時は思考によってその答えを導き出しています。しかし実体験を重ね、結果として同じ答えに行きついた今、過去の文章をみると文章が発するエネルギーに多少の揺らぎ（不安定さ）を感じます。

皆さんも本書で得た知識をうのみにせず、自ら実践する中で改めて自分の中から答えを引っ張り出してください。その時、「知識」が「知恵」に昇華していき、周りの人たちとの共鳴が起きやすくなります。

足早に、『地域再生の処方箋』という本を振り返ってみました。

14年経った今でも新しいと感じます。よくここまで書けたな、と感心もします。しかし所々で思考によって生み出したという弱さも感じます。本書と同じ著者が書いているので、表現としては重なるところも多いのですが、文章が持つエネルギーの強さが明らかに違うとも感じます。皆さんにはどのように届くのか楽しみです。

3章　地域を救う不思議な方法

今世界は、非常に厳しい状況に追い込まれていますが、この世界を救うために私たちができることは地域を変えることでした。地域を救うことができればきっと世界も救うことができます。

では「地域を救う」とは一体どういうことでしょう。地域がどのような状態になると救われたといえるのでしょう。

「地域を変える」ならわかるし、変えなければならないと思っている人も多いと思います。あえて「地域を救う」と表現したのは、ただ単に変えるだけではなく、共生進化によって正しい方向に変えることを言いたかったのですが、まずは「変える」ことを考えたいと思います。

地域は簡単には変わりません。それでも何か変えなければと思うことが大切です。そしてこれまでの私たちの行動を変えることで、地域も変わる可能性が生まれます。さらに行動を変えるためには意識を変える必要があります。

地域を救うにはまず意識を変えることが不可欠で、そのことが地球を救うところまでつながってゆきます。

地域が目指すゴール

では地域がどのような姿になれば地域が救われたといえるのでしょう。行動を変えるといっても、目指す姿（ゴール）を明確に描くことができなければ、どこに向かって進むべきかがわかりません。その答えは貧困のない豊かな社会でしょうか。争いのない平和な社会でしょうか。私には救われた後に出現する社会がどのような社会なのかわかりません。いえ、それを考える必要すらないと考えています。

私たちが共生進化にのっとった行動を地域の中で推進していけば、地域はおのずと「あるべき姿」に変化していきます。「地域が勝手に自らの姿を変える」のです。そして私たちは行動しながらそれを見守っていけばよいのです。

私たちが今なすべきことは、

・共生進化とは何かを正しく理解し
・自分にできる行動を見出し
・それを実行していく

ことです。

そして、「地域のいたるところでこのような活動が実践されているという状態を作り出す」ことです。このプロセスを具現化させることが私たち（本書）のゴールです。このプロセスに多くの人がかかわることで、人々の心の開放が進みます。「心の開放」によって人々の内面にある分離感（孤独感）が消えていくことで人々の心が救われます。地域を救うとは地域に暮らす人々の心を救うことです。その結果地域がどのような姿となるのか、楽しみに待つこととしましょう。

地域における共生進化とは、地域に暮らす人々の間に共鳴現象を引き起こすことです。では、共鳴現象を起こすためのヒントを見ていきましょう。

地域の個性をよみがえらせる

人は生まれながらに独自の個性を持っているのと同様に、それぞれの地域にも固有の個性（波形）があります。その個性は固有の地形や気象条件、さらにはご先祖様の活動などによって育まれましたが、それらの個性は失われつつあります。

その原因として、利便性を高めるとか、効率化を図るといった理由の下、画一的な開発が進められてきたためです。その結果、駅前や街並みの風景はどこも同じように見えますし、地域の衰退も同じように起こり、シャッター通りの出現や、若者の流出といった課題が生まれています。

地域の姿はそこに暮らす人々の心の姿です。地域の姿を整え本来の姿をよみがえらせる活動は、人々の心を整える事でもあり、地域はそれを望んでいるので、地域と人間との間に共鳴が生まれます。そしてそれに取り組む人同士も共鳴します。

例えば地域に存在するノイズを取り除いていきましょう。地域の姿をシンプルに整えることで、本来の姿が浮かび上がります。それは清掃活動や看板の撤去、電線の地中化などです。古い建物も保存し、今の時代に生き返らせましょう。歴史を調べることも有効です。ご先祖様の思いを知ることで、私たちは過去とも共鳴し、そこからエネルギーを受け取ります。里山など地域資源も大切にして皆で親しみましょう。昔の植生を復活させるのも大切です。本来そこに生息していた樹木を潜在植生と呼びますが、社寺林は聖域であり、過去から守られてきたので、そこにみられる植生はその地域に最も適した植物です。また、昔その地域で作られていた農作物は、適地栽培であったはずなので、それらの農作物をよみがえらすことも有効です。地域をよくするために皆が力を合わせるという活動は、とても良い共鳴を生み出すのです。

利己から利他へ

地域をよくするために汗を流すという活動は、それがたとえ有償であったとしても、ボランタリーな意識を育みます。そのことで、人と共鳴しやすくなります。利己的な活動は、それは自分のために行われるので、心にブロックが生まれます。心が閉じているので、他と共鳴することが難しくなるのです。しかし、地域のために（人のために）という思いが芽生えていくと、心のブロックが消えていきます。自分の心がオープンになっていくので、共鳴が起こりやすくなります。

清掃活動以外にも、防災活動や福祉活動、病院のお仕事や子供たちの登下校の見守りなど、公共性の高い仕事は、共鳴に良い影響を与えます。しかしそれらの活動を仕事として割り切って取り組んでいる場合は、心の開放にはつながりません。仕事の先にある人々の存在を意識し、その人々の幸せを願い、そのような仕事につけている自分を愛することです。

これはどんな仕事をしていても同じなのです。仕事は人のためにあることを絶えず意識し、そのことに貢献できている自分を認めてあげることで、心の開放が進みます。日常の活動の中で利己から利他へと意識を変えていくこと、簡単にできることではありませんが、目線を変えること、自分の目線を自分の外に出して、外からの目線で自分と地域を眺めること、その感覚を身につけてゆけば、あなたも地域を救うための大きな戦力の一人となってゆきます。

分離から融合へ

利己から利他への転換は、心の内と外を分けているブロックすなわち境界線を消していくことでした。境界線は分けるためにあり、一つのものを分離していくと生まれます。そして境界線を消すとは、もとの一つ（全体）に戻していくことです。

そして境界線を消していくことで、ばらばらであったものを融合させていくプロセスは、共生進化にとても有意義な手法です。しかし、融合が進化なら分離は退化かというとそう単純な話ではないので、もう少しこのテーマを掘り下げてみます。

そもそも分離はなぜ起こるのでしょうか。例えば組織が効率化を目指した場合、分業制を取り入れたりします。それによって生産性は向上するかもしれませんが、その一部を担当する人は全体が見えません。すると自分の仕事で人々に貢献するという実感が持てなくなってきます。この結果、心の開放は期待できず、いずれ行き詰まります。分離という手段を採用する場合は、マイナス面があることを意識して、その対策もしておかないとなりません。しかし、会社といった組織の中で分業を行う場合は、ローテーションを行うなど何らかの対策も取れますが、サプライチェーンという世界規模で効率化を進めた結果、世界は完全に行き詰まってしまいました。

分離は必ずしも悪いことだけではなく、進化のために分離するという場合もあります。例えば科学の世界など、深いところまで極めるためにテーマを細分化（分離）して取り組みます。極めるためには細分化することも時には必要です。しかしそれは手段であって目的ではないのです。極めた結果は全体に戻すことで、全体の進化を図らなければなりません。あるいは細分化して得られた知見をつないでいって全体を再構築することです。全体に戻すというプロセスが共鳴ですが、研究は成果を出すことが目的になってしまっていて、全体に戻すという本来の目的を見失っているように感じます。

極めるということは、全体が共生進化するために行われなければなりません。西洋医学と東洋医学は、どちらも人々が健康で安らかな人生を歩むための技術であり、同じところを目指している以上、両者は融合して新しい医療の姿を導き出さなければなりません。農業においても慣行農と自然農という二つの農法が存在しますが、両者の間に境界線がある限りは、未来の農業は誕生しません。

技術・素材・哲学

境界線を消していくということは、異なる二つを合体させて新しい本体を生み出すということではなく、両者が溶け合ってゆくことであり、境界線の存在を意識から消していくことです。西洋医学は西洋医学でよいのです。ですが漢方の知恵も最大限に活用されている、そんな医療が素敵だと思います。農業も同じです。特に自然農では、「○○をしてはいけない」というこだわりが前面に出てきますが、そのような縛りから解放されない限り、未来を支える農にはなれません。自然農とは自然体で取り組む農業でなければなりません。

それでは異なる者同士が溶け合っていくために、どのような方法が考えられるでしょう。先ほど研究者を非難するような表現をしましたが、本当はとても重要な役割を担っています。細部を追究し新たな発見（技術や知見など）があった時、それが本物であればとてもシンプルな姿をしているはずです。真理はすべてがシンプルだからです。そして様々なものと合わさって化学反応を起こす可能性があります。

本物には異なる者同士をつないでゆく力があります。本物の技術もそうですが、例えば素材はどうでしょう、第2部で紹介する「青みかんのちから」（パウダー）は素材ですが、既存の商品と組み合わさって新たな商品が生み出されます。それは事業者のネットワークの形成にも役立ちます。また本書で述べている「共生進化」という考え方も、「共鳴現象で新たなエネルギーを生み出す」というシンプルな考え方です。シンプルだからこそ様々なテーマに応用できます。シンプルな考え方とは物事の本質であり、それが哲学です。

さて「本物」とはなにかも述べておきます。本物とは高いエネルギーを有しているものです。共生進化とは共鳴現象によって高いエネルギーに姿を変えていくことなので、本物でなければそのような現象を引き起こせないのです。ですから私たちは何事においても本物を目指さなければなりません。しかし本物は一つではありません。エネルギーは連続して変化するものなので、ある一定以上のレベルを満たしているものを私は本物と呼んでいるだけです。本物の反対は偽物ではなく、あえて言えば未熟でしょうか。そして未熟は決して悪いことではありません。上に進もうとしている限り未熟でもよいのです。人として見るならそれは本物です。

地域においても、地域全体のエネルギーを引き上げようとチャレンジしている姿こそが本物と呼べるかもしれません。

地域の自立

地域での取り組み事例に話を戻しましょう。

境界線を消していくというお話をしましたが、現在では人と人の縁がどんどん切れています。「線を消す」と「線を切る」は全く意味が異なります。人と人が切り離されるとそもそも共鳴現象を起こせません。地域全体で共鳴現象を起こしていくためには、人と人の縁を再生していくことが不可欠です。

では人と人の縁を再生していくためにはどのようなテーマが考えられるでしょう。例えば地域の自立度を高めていく取り組みは有効だと感じます。昔の町、例えば江戸の町は完全に自立した町でした。しかし、効率性を高めるとか利便性を高めるといった悪魔のささやきで、地域はボロボロにされていきました。そして人と人の縁も破壊されていきます。人と人の縁がなくても生きていくことが可能になったからです。しかしそんな社会は「生きているだけ」の社会です。人としての成長は何もありません。失われた縁を再生するために、人と人がつながらなければ達成できないテーマを選べば有効です。

私たちの地域を独立した国家だと考えてみましょう。今の状態で生き延びることは可能ですか。まずは食料の自給率は100％を目指せますか。エネルギーの自給率はどうでしょう。昔はできていました。そもそも食料を輸入するということをしていませんでしたから。しかし「人口が増えているから無理」なのでしょうか。「食料はできるかもしれない、でも資源のない我が国においてエネルギーは無理」でしょうか。地域という単位で考えた場合、すべての地域でそれが達成可能かどうかはわかりませんが、日本という国土は十分に達成できる力を持っています。

エネルギーは化石燃料に頼らず、自然エネルギーや未利用エネルギーを活用することになりますが、自然エネルギーは社会問題になっているケースもあります。しかし自然エネルギーが悪いのではなく、メガ発電など効率性を重視するという古臭い考えに沿って設計されたため社会問題を引き起こします。「大きく」は効率性を求めるので、社会を硬直させていきますが、「小さく」は社会の柔軟性を高めます。小さく丁寧にコツコツとエネルギーを取り出していく、その積み重ねが人と人の縁を再生していきます。地域の自立度を高めるとか、地域内の循環を生み出す取り組みはまだまだいろいろありますから、それぞれの地域で具体的なテーマを検討してください。

主たる産業を変える

地域を変えようとした時、その地域を支える基幹産業が変わらなければ、本当に変えたことにはなりません。そして多くの地域における基幹産業は農業です。

今日の世界を救うために、唯一人類に最後のカードが残っているとすればそれは農業だと思います。世界の農業が変われば人類は救われます。国連においても「家族農業」という言葉が使われるようになりました。効率性を追求した大規模農業ではだめだと世界は言い始めました。では日本ではどのように農業の姿を変えていけばよいのでしょう。

スーパーに並ぶキュウリや大根を見ているとどれも同じように見えますが、それぞれ（生命）エネルギーの大きさが異なります。この違いを「見える化」し、高いエネルギーを有する農作物にはそれを付加価値として高い値段を設定し、消費者はそれを受け入れ流通していく社会を作れないだろうかと私は考えています。

もう少し具体的に見てみましょう。エネルギーの大きさは栄養素の種類とバランスで決まります。そして高いエネルギーを有するとその作物は腐りにくく長持ちし、味もおいしくなります。

エネルギーの大きさを左右する栄養素とはビタミンと酸とミネラルですが、私はミネラルに注目しています。私が栽培するみかんでは、酸と糖度を測定してみかんを評価します。しかし、みかんの美味しさはこの二項目だけでは表現できないので、第3の評価軸が必要ではないかと考えました。そしてみかんに含まれるミネラルの大きさを第3の評価軸にしようと思い、それを簡易的に測定する技術がないかを何人かの有識者に聞きましたが、残念ながら見つけられませんでした。

しかし、ミネラルは微生物の力によって土中から供給されるので、土の違いが「見える化」できればそれぞれの土で育った農作物の違いを見える化できそうです。また土の違いは農法の違いによって生じます。農法の違いを表現できれば農作物の違いも表現できます。

しかし農法の違いといえば、自然農か慣行農となります。また有機JASという規格もあります。しかしこの区分けではゼロかイチという話になってしまい、エネルギーの大きさは連続して変化するものなので、それらの違いをうまく表現できません。私は自然農と慣行農の両方に取り組んでいますが、慣行農であっても土づくりを重視するため、除草剤を使わず草を刈ったり、ミネラルを補充するために海水やカキガラ石灰、魚粉配合肥料を入れたりしています。このように農法の個々の技術に着目し、それを連続するスケールに落とし込んでいきます。そしていくつかのカテゴリーに区分して、☆1農法～☆5農法と段階的に表現して自然農と慣行農を連続的な変化でつないでいくことで、両者の間の境界線が消えてゆきます。そして生産者は少しでもおいしい農作物にするため、今の農法から少しでも改善しようと努力し、消費者はよりおいしい農作物を手に入れるために、多少高くても購入するようになれば、少しずつ農法はエネルギーの高いほうにシフトしていきます。

さて地域を支える農業をどのように変えるかという話でした。前述の新たな評価軸の中に「近」という項目を入れることです。農作物は収穫した直後から保有するエネルギーを減らしていきます。どのような農法で作られた農作物であったとしても、「近くで朝収穫した農作物」というだけで大きな価値があります。すなわち「地産地消」に価値を見出し、地域全体で取り組まれるような社会システムを構築していきましょう。

とれたて市場などの直売所も増えてきました。地域に行けばどこにでもあるコンビニで地場産品を扱ってもらうのも有効と思います。消費者が購入できる場所を増やしていくとともに、そのような売り方に対応してくれる農家も増やしていかなければなりません。しかし農家にとってはこのような販売を行うのはとても手間がかかって大変です。それでもコツコツと取り組んでくれることで消費者と生産者の縁がつながっていきます。また、地域において食料自給率１００％を目指すことも大切です。そのためには農業を担ってくれる人材の育成や耕作放棄地の復活も同時に取り組まなければなりません。

農業以外が基盤産業ならどうしたらいいでしょう。物事には必ず「始まり」があります。その初心に戻ってみるのはどうでしょう。最初は必ず、人に貢献したいという思いでスタートしているはずです。しかし利益を追求していくと、だんだんとその初心を忘れていきます。利益を上げるのは大切です。しかしそれを目的にしては間違います。経営者にとって最大の責任は預かった組織を継続させることです。そのためには利益も出していかなければならない。利益を出すのは組織を継続させるための手段であって目的ではありません。では組織の継続はどのようにして担保されるでしょう。その組織で提供されるサービス等が人々に必要とされ続けることです。そしてそれが地域で必要とされることで、そのサービス等が地域で生かされます。そのような関係は「始まり」では構築されていたはずです。その関係が崩れてきていないか、一度見直してみましょう。

人を育てる

地域は人によって支えられています。ですから地域を支える人材を育成していくことも地域にとっての大きな課題です。人材育成というと「学校」のような場を想像してしまいますが、そのような環境が整っている地域は多くありません。人は現場で育ちます。これまで見てきたような活動が一つでも動き出したなら、そこに若者をどんどん巻き込んでいきましょう。誰もが楽しく気楽に参加できる場を作り出していくことが、人を育てるためには重要です。そして教科書として本書を活用してください（笑）

人を育てることは大切ですが、そもそも人がいないという現実も多くの地域で直面しています。地域外から新しい人を受け入れていかないと、地域を維持していくことができないという問題です。幸い、コロナ以降農業に関心を持つ若者が増えてきていますし、都市から地域へと人の流れも逆転してきました。地域にとってはチャンスです。しかし、農業を目指したり、田舎暮らしにあこがれる若者にとって、選択肢はたくさんあります。人を受け入れたいと思っている地域から見たらライバルもたくさんいるのです。その中から自分の地域を選んでもらう必要があります。

若者がその地域を選ぶポイントは、何らかの縁があるかどうかと、そこに魅力を感じるかどうかです。特に後者は地域全体が生き生きと活動しているかどうかではないかと思います。すなわち共生進化によって地域全体のエネルギーが向上していくかどうかです。エネルギーが向上していくと、地域の外に向かってエネルギーが放出されていきます。強いエネルギーの発振が、人々を引き付ける力となります。引き付ける力も共鳴なのです。

プロジェクトを立ち上げる

ここまでは、既存の活動を中心にそれをどのように改善していけるかを見ていきました。しかし「改善」だけではさみしい気もします。

これまでにない新しい取り組みに着目して、新たな活動を立ち上げることも検討しましょう。

しかし「新しさ」を表現するのは簡単ではありません。その場合、複数のテーマを組み合わせることで新たな可能性を表現していきます。異なるテーマが共鳴して新たな可能性が生まれます。

そして大切なことは、自らがその先頭に立つという覚悟を決めることです。新たなプロジェクトが立ち上がり、そのことで確実に地域に変化が生まれるという結果（成果）が目の前に現れた時、それまでは関心すら寄せてくれなかった人々も、振り向いてくれるようになります。人は基本的に楽しいことが大好きです。たとえやせ我慢であっても、精一杯楽しい姿を見せ続けましょう。こちらから周りに声をかけることは重要ですが、周りから声をかけてもらえるようになってきたら、確実に地域が変わり始めた証となります。

また、プロジェクトの中心を共に担ってくれるパートナーを見つけましょう。プロジェクトの先頭に立てたら、プロジェクトとともに自らも成長し続けなければなりません。その時、身近に共鳴できるパートナーがいることで、お互いに成長し続けることが出来ます。

さらに、自分にはまだプロジェクトの先頭に立てるような力がないと感じているなら、地域の中で活動しているキーパーソンを探しましょう。キーパーソンとともに活動することで、自らを引き上げてもらえます。

地域で活動するための力を身に付けるため、まずは自分で関心のあるテーマで気の合う仲間と行動に移す方法もあります。

プロジェクトを立ち上げ、動かしていく中でどのような変化が生まれてくるのかについては、「付録　1％クラブへようこそ」もご覧下さい。

第2部　実践編

第2部は私が和歌山に帰ってからこれまで取り組んできたことを事例として取り上げ、個々の取り組みが第1部で示した理論のどの部分を活用してどの様な効果を目指しているのかを説明します。しかし、理論編を読んでいなくても気楽に読んでもらえるように書いていますので、理論編は難しそうと感じている方は、ぜひ実践編からお読みください。

また、事例は私が取り組んできた一つだけです。皆さんが取り組もうとしているテーマには合わないかもしれません。しかし事例を沢山調べてもピッタリとした事例は見つかりません。結局は自分のフィールドに具体的な行動として落とし込む必要があります。そのための「変換作業」は自ら行うしかありません。

事例は変わってもポイントは変わりません。一つの事例をしっかりと読み込んで頂くことが、あなたのこれからの活動のヒントになることを願って私の「全て」をご紹介させて頂きます。

4章　みかん精の楽光《がっこう》

私が会社を辞めて和歌山に帰ってきたのは2010年の夏でした。それまでは環境をテーマにしたコンサルタント活動をしてきたことは、すでに述べてきたとおりですが、それ以外では市民参加型の地域の活性化にも取り組んできました。ですから仕事仲間には「僕が和歌山を元気にしてくるよ！」と言ったのですが、それまでの仕事のすべてを手放すと決めていたので、本人にその気は全くなく、そもそもその頃の私にはエネルギーが枯渇していたので、人にエネルギーを与えることなど不可能でした。

私が若いころ、自分が生まれ育った場所には「何もない」と感じていたし、それが嫌でその場所を出たわけではありませんが、特に未練があるわけでもなく、ここには二度と帰らない（帰れない）と感じていました。
しかし、改めてこの場所で第二の人生をスタートするのだと覚悟した時、今まで見えていた風景とは一変しました。

仕事で地域を活性化させるためにいろいろなところに行かせてもらいました。そしてまず初めにすることはその地域の特性を調べます。その地域の「強み」を調べます。

若いころは自分の故郷には「何もない」と感じていたので、風景を思い出すときも白黒写真のようにしか思い出せなかったのですが、全国の様々な地域を見てきた目でわが故郷を見返すと、それまでの白黒写真に突然鮮やかな色が広がりました。

山全体に広がる石積みのみかん畑。入り組んだ海岸線と青い海。畑からはその海の向こうに淡路島がみえ、天気が良ければ四国も見えます。我が家のすぐ前には三つの国宝を有する長保寺があり、他にも橋本神社など数多くの寺社仏閣が存在します。

とても素晴らしい場所で育ったことがうれしくなり、第二の人生をここでしっかりと生きていこうと少しだけ元気をもらいました。

ポイント：地域の良さを見つける

そこに長く住んでいる人には、その地域の良さが見えていないことが多いです。仕事でいろいろな地域に行きましたが、住民にこの地域の良さは何かを聞くと、「ここには何もないよ」と答える人が多くいました。地域の良さは地域の外からの目線を持っている人に聞くのが良いです。それは観光客ではなく、何度もそこ

下津の風景

に足を運ぶ人がいるなら最適です。リピートする理由があるはずです。地域の良さが多くの人とシェアできたら、その良さをさらに光らすような活動につなげていきましょう。

和歌山で何かをするつもりはありませんでしたが、友人が和歌山に遊びに来てくれたらしっかりとおもてなしはしたいと思い、友人たちに「和歌山で行きたいところ、体験したいことは何か」を聞きました。その時、圧倒的な一位となったのが、「熊野古道を歩きたい」でした。

熊野古道は世界遺産に登録されていますが、「道」が登録されているのはとても珍しく、でも道なのでいろんなところを通っています。そして私の実家の裏山（白倉山）の稜線のすぐ下も横切っています。世界遺産に登録されている区間は限定されており、その場所を歩くのもよいですが、「まずは裏山を歩かせよう」と考えました。そのためには自分が事前に歩いてみないといけません。

海南市では毎年、熊野古道を歩くイベントを開催しているのでそれに参加しました。

ＪＲ海南駅をスタートし、まずは藤白神社を目指します。そこから熊野古道は山間コースとなるので、足腰の弱い人は藤白神社で断念する方も多かったようです。そのため、藤白神社には熊野三山の御祭神が祭られており、ここを参拝するだけでご利益があるとされていました、またこの神社は南方熊楠の「熊楠」という名前を付けた神社です。この神社では名づけの依頼に対して「藤」「熊」「楠」の中から一文字を使うことが多かったようですが、「熊楠」はその中の二つをいただいているので、最強の名前です。ちなみに私の祖父は「長楠」といいます。もしかしたら藤白神社でいただいた名前かもしれません。

熊野古道は藤白坂に入り、そこは昔の雰囲気がそのまま保たれています。そして坂を上りきると御所の芝に出ます。ここは熊野古道の絶景ポイントの一つとされています。

そこからは加茂川に向かって見慣れた石積みのみかん畑の中を下っていきます。下りきるとみかんの神様（田道間守公）が祭られている橘本神社に出て、そこから再び坂を上り、沓掛という場所にでます。ここは昔宿場街として栄えた場所で、

藤白神社

藤白坂

私の祖母が生まれた場所です。熊野古道はそこから白倉山の稜線のすぐ下を横切り、有田方面へと向かいますが、イベントではそこから熊野古道を離れて下津駅方面に下山し、紀州徳川家の菩提寺でもある長保寺の前を横切って下津小学校のグラウンドがゴールです。

私の家は長保寺から少し山を登ったところにあります。イベントでは私の家の前を横切ってゴールを目指しますが、私はそのまま「ただいま～」と家に帰ってしまいました。ゴール目前にして無念のリタイアです。ですからゴールがどんな雰囲気であったか知らないのですが、ゆっくり歩いても4～5時間のコースです。

ポイント：地域を歩く

同じ場所を車で通るのと、歩いて通るのでは景色が違って見えます。歩くスピードは見えない景色を見せてくれます。ちょっとした石碑を見つけると、昔の人々の様子が浮かんだり、可憐な花を見つけて心が癒されたりします。また見えなかったマイナス面も見えてきます。熊野古道のイベントに参加した時、みかんの畑が思っていた以上に荒れていました。地域を知るために徒歩で生活圏をちょっと飛び出してみるのもよい経験です。

私が会社を辞める少し前、関西で開かれたイベントで和歌山の人と出会いました。それがともちゃんと前野さんです。お二人には和歌山に帰ったら連絡しますと約束し、帰ってから早速会いに行きましたが、前野さんには乳酸菌栽培の師匠となる川原さんを紹介されます。そして二人からささやかれた「乳酸菌を畑にまくとその畑は光りだす」という言葉にしびれ、まだ我が家の農作業をほとんど覚えていないころから、乳酸菌の仕込み作業をスタートさせます。

ともちゃんには、イベント情報やお店の情報、さらには個性的な人たちをたくさん紹介していただきました。その中でも極めつけはこうちゃん（農哲シリーズ一作目共著者）です。こうちゃんとは出会った時から意気投合し、その後さまざまな活動を一緒に取り組んでいくこととなります。またいろんなイベントやワークショップに積極的に出向き、さらに人のネットワークを広げていきました。

ポイント：人のネットワークを構築する

これから何かをしていきたいと思ったら、積極的な人との出会いが大切となります。そのためには自分が積極的な人になることです。行動しなければ縁は広がりません。そして行動的な人はおおむね豊かなネットワークを持っているので、ある程度テーマを絞っても紹介してもらえるようになります。人のネットワークはその地域で生きていくための財産です。

私が和歌山に帰ったころ、私の中のエネルギータンクは空っぽでしたが、全力で遊び続けたことで、少しずつエネルギーが溜まってきたようで、自分が主催するイベントを開催しようという気持ちが高まってきました。

これまで出会った人たちの協力を得ながら、藤白神社から橘本神社までのコースを歩く熊野古道体験や、そのころ酵素ジュースづくりにはまっていたので、発酵をテーマにしたワークショップ、また農業を元気にするには女性の力が必要だと考え、農家対象の婚活イベント、さらにはみかんの収穫体験など、年数回のペースでイベントを開催していきました。

ポイント：イベントの開催

イベントを開催してそこに参加してくれた人たちと新たな縁が結ばれたなら、自分の財産も増えていきます。しかし、イベントを開催する意義は別のところにあります。一つのイベントを開くだけでも、様々な準備が必要となります。とても一人の力ではできません。一緒にやろうという仲間を募り、時間をかけて準備を進める。このプロセスこそが重要です。ともに汗をかいた体験と縁は、今後何かを成し遂げようとした場合の大きな助けとなります。

参加者には和歌山をそして下津を好きになって帰ってもらいたい、そんな気持ちでイベントを続けました。異なるテーマに複数回参加してくれる参加者もいましたが、その時だけの単発の出会いの方も多く、そういう関係に少しずつ物足りなさを感じるようになってきました。

年間を通じて継続的にかかわってもらうようなイベントは企画できないだろうか。その頃の私は農作業を通じていろんな学びを得ていたので、その学びを多くの人たちとシェアしたいという思いもあり、年間を通じてみかん栽培を体験してもらうプログラムを考えました。しかし問題はそれを実践する畑です。私が自然農を実践している畑は山にあり、単発のイベントならまだしも、継続的にかかわってもらうことは困難です。そんな時、親戚の綛田《かせだ》さんの畑の一部をお借りできるかもという話があり、そこは平地でアクセスも良く、ぜひやってみたいと思いました。しかし、そこで農作業を継続的に取り組むとなると、着替えや休憩、お手洗いといった問題も解決しなければならず、綛田さんは家を使ってもよいとは言っていただいたのですが、毎回お世話になるわけにもいかず、その畑から徒歩数分の所に、丸菱旅館があったので、そこの女将さんにご協力してもらえないかという相談に行きました。その女将さんが、私の第二の人生のパートナーとなってくれた明子です。何事も前向きに全力で取り組んでいると、神様はご褒美をくれます。

このようにしてスタートしたのが「みかん精の楽光」です。

こうちゃんに楽光長になってもらい、これまでご縁のあった人たちに呼びかけたところ、20名近い人が第一期楽光生として参加してくれました。

楽光活動風景

そして毎月一回を活動日とし、いつ参加するかは各自の自由で、半日を農作業で後の半日は座学をしました。

大阪・奈良・愛知・東京と県外からの参加者が半数以上で、時間とお金を使って参加してくれ、農作業で汗をかいて「ありがとう」と言って帰っていく。主催者でありながら、参加者の姿に感動しました。一期生の皆さんと一緒に活動し語り合った時間は私の宝物です。そしてこの積み重ねの結果として農哲シリーズが誕生します。

ポイント：イベントを継続する

イベントの開催は、一緒に取り組んだ事務局のメンバーとの縁を深めてくれますが、参加者と深い関係を構築するためには、継続したプログラムを用意する必要があります。この時注意することは、参加者に心の負担をかけさせないことです。各回の参加は原則自由としましょう。農作業の場合、事前に人数が把握できないと作業の段取りがつきません。食事の問題などもあり、事前に出欠はとるのですが、「その時こられたメンバーでできることをやる」というスタンスが大切と感じます。そしてやり残した作業があれば、すべて自分が背負うという覚悟を持つことです。この覚悟を持ってイベントと向き合えば、たいていうまく回ります。「あとは私に任せろ」という覚悟は言葉にしなくても参加者に伝わっています。その覚悟に参加者は共鳴してくれます。

当初は二期生・三期生と参加メンバーを広げていって活動を続けていこうと思っていましたが、内容がマンネリになることや、新たな参加者の掘り起こしも結構しんどく感じるようになってきたので、みかんの畑の維持・管理は私一人で担うこととして、忙しいときは手伝ってもらい、みかん精の楽光としては新しいテーマにチャレンジしたいと考えました。そんな時、200本近い栗の木が植わっている畑の管理をする話があり、そのことを皆に伝えると「やろう!」と言ってくれたので、栗の木の世話を皆で始めました。栗の木はまだそれほど大きくはなっていませんでしたが、本数が多かったので、相当の収穫量がありました。

3年目になると、収穫量が一気に増えることが予想され、ビジネスとしてしっかりと収益を上げることを計画する必要が出てきました。どのような加工が有効なのか。そのために準備する機材はどうするか。どこに流通させていくか。皆でビジネス計画を練っていきました。

そんな時、畑のオーナーから、畑を売却するので返してくれという話があり、であれば私が買い取りたいとも思いましたが、提示された金額はあまりにも高額で手が出ず、みかん精の楽光としての活動はここで終了となりました。

しかしここで皆と議論して作ったビジネス計画は、この後の活動に財産として引き継がれていきます。

ポイント：お金を回す

みかん精の楽光でも、一年を通して世話をして収穫できたみかんは、皆で力を合わせて販売し収益を出しました。その収入は今後の活動資金とするとともに、より頑張ってくれた人には皆からの気持ちとして収入の一部を受け取ってもらいました。

お金にはエネルギーが乗っかります。お金を動かすことでエネルギーも流れます。エネルギーの流れが共鳴を生み、新たなエネルギーの創出につながります。

5章　日本農業遺産

　みかん精の楽光に取り組み始めてから、私の中のエネルギーも通常のレベルに復活していたので、和歌山に帰るときに「僕が和歌山を元気にしてくる」といった言葉を時々思い出していました。そして地域を元気にするために自分にできることはあるのだろうか、あるならそれは何だろうと考えました。

　私たちの活動に県内の参加者が少ないのは残念だと感じていたので、少しずつ和歌山県人の参加者を増やしていっていたし、毎年のべ100人以上の人が和歌山・下津まで足を運んでくれることは、少しは地域に貢献しているかもしれないとは思いましたが、地域を変えるためには、気の合う人だけが集うのではなく、もっと地元に溶け込んだ活動にしていかなければならないとも感じていました。そのためには私自身が日常を共にしている身近な人たちとの交流をもっと深めていかなければならない。それは私が暮らす「小畑」というコミュニティの中での活動を大切にしていくことと、農業を通じた活動を大切にしていくことでした。

私は農業を始めた当初から、慣行農と自然農の両方に取り組みました。そして直感として、未来に生き残る農法はこの両者が融合された姿だと感じていて、それを形にしたいと思っていたし、そんな農法が少しでも広がるといいな、という目標を漠然と掲げていました。そして、少しずつ地域での活動の場も広がってゆき、では何から手を付ければよいのかと悩んでいた時、「下津が農業遺産にチャレンジする」という話が飛び込んできました。

悔しいけれども、「農業遺産」という言葉は私の中には全くありませんでした。そしてこれが私の探していた答えだとも感じました。

下津は400年前からみかん栽培に取り組んできたみかん栽培発祥の地であるとともに、畑の中に土塀の蔵を建て、そこに収穫したみかんを貯蔵し、追熟させてから出荷する「蔵出しみかん」が有名です。JAながみねではこの「蔵出ししもつみかん」を全国規模のブランドにしていくため「しもつみかん」で地域団体商標をとるなどの活動を進めてきましたが、さらなるブランド戦略として、農業遺産の認定を受けられないだろうかと考えました。そして県に協力を依頼し、県もその可能性は十分にあると判断し、地域と県が一体となって農業遺産の認定を目指すことになりました。

農業遺産とは、『社会や環境に適応しながら何世代にもわたり継承されてきた独自性のある農林水産業と、それに密接に関わって育まれた文化、ラウンドスケープ及びシースケープ、農業生物多様性などが相互に関連して一体となった、伝統的な農林水産業を営む地域（農林水産業システム）を認定する制度』です。そして国連食糧農業機関（ＦＡＯ）が認定する世界農業遺産と、農林水産大臣が認定する日本農業遺産があります。

そして日本独自のルールとして世界農業遺産を目指すには、まず日本農業遺産に認定されていることが条件となっています。

農業遺産では環境保全型農業が推進されていることが重要な柱となっていることから、自然農を実践しながらイベント等によって多くの人々を地域に受け入れてきた実績によって、私はキーパーソンの一人と位置付けられ、詳細なヒアリングを受けました。

私は農業遺産に認定される可能性は十分高いと考え、自分が取り組んできたことはもちろんですが、これまでの自分のスキルをフルに活用し、事務局をサポートしていこうと決意しました。

そして最初にしたことが地域の歴史を調べることでした。

わが町下津ではありがたいことに、本編だけでも千ページを超える「下津町史」が昭和51年に編纂されていました。みかんに関する資料だけでも膨大な記録が残されており、そのすべてに目を通したわけではありませんが、本から学んだことや人から教えてもらったこと、私の推測なども入れながら、下津におけるみかんの歴史を簡単にご紹介します。

ただし、歴史には客観的事実が書かれていると思ってしまいますが、記録を残した人の立ち位置によってその内容は変わります。みかんの歴史も和歌山の歴史と他県の歴史では異なります。そして同じ県内であっても、下津から見た歴史と隣町の有田から見た歴史では、異なるところが出てきます。

以下に示すみかんの歴史は下津から見た歴史であり、かつ私の推測も入ってきますので、学術的レポートではなく一つの読み物としてお楽しみください。

ことの始まりは、第十一代垂仁天皇が田道間守公に「不老長寿の薬を探して参れ」と命令されたことでした。公は常世国（中国）にわたり10年余り後に非時香菓（ときじくのかぐのこのみ）すなわち橘の木を持ち帰りました。しかし天皇は一年前にすでに崩御されており、公は落胆悲涙し、その陵橘を捧げて命絶えたといわれています。その橘が日本で最初に移植されたのが下津の「六本樹の丘」でそこが橘本神社です。

その後、橘に改良が加えられみかんが誕生したことから、「六本樹の丘」がみかん発祥の地とされており、橘本神社には田道間守公がみかんの神様として祀られています。さらに橘の実はとても貴重品とされ、その保存の工夫が重ねられ、そこから菓子が生まれたとされています。ですから田道間守公はお菓子の神様としても祀られています。さらに橘は奈良の飛鳥に渡り、その地で聖徳太子によって薬が生み出されたともいわれています。

残念ながら田道間守公は薬の神様にはなれませんでしたが、柑橘は全般的に薬効が高いといえます。

時は流れて江戸時代になると、紀州徳川家が誕生しました。初代の頼宣公は平地の少なさに驚き、山間部に新たな特産品を生みださなければ藩の財政は厳しくなると考え、みかんの栽培は温暖な紀州に適していると予測し、橘本神社の周辺の農家にみかんの苗木を配り、試験栽培を始めます。このころすでに紀州みかんなど、幾つかの品種が誕生しており、下津や有田の一部においてみかんの木が植わっていたという記録はありますが、商業栽培としての取り組みはこれが最初と思われます。

橘本神社の周辺が試験栽培の地に選ばれたのは、そこがみかん発祥の地と言われていたことが大きいのでしょうが、長保寺の存在も大きかったと思われます。

今では下津地域の海岸部を鉄道と国道が南北に通り、利便性の良い地域となっていますが、下津は長峰山脈などで三方を山で囲まれ、陸路は熊野古道一本しかなく、陸の孤島でした。ですから紀州徳川家の墓所として、長保寺が選ばれます。長保寺の裏に広がる森の中に、紀州徳川家の墓所が作られていくのですが、頼宣公の墓石には何も文字が刻まれていません。初代のころはまだ戦国時代の影響が残り、万が一攻められた時には、墓だけは守られるよう、「隠し墓」として最適の場所と考えたのでしょう。当然この地には役人が常駐していたでしょうから、貴重な苗木を監視するという意味もあったのではないかと思います。

長保寺の大門と桜

試験栽培の結果、みかんの栽培に適していることが判明し、農民は山を開き、石を積み上げ、山全体をみかん畑にしていきました。そして下津は複雑な地形をしていいたため、さらなるみかんの適地は、「南を向いた急斜面地で、畑から海が見渡せる」場所がよりおいしいみかんが育つことがわかってきました。これは、「太陽の恵みを最大限に取り入れ、水はけがよく、海風によって海のミネラルが供給される」ことを意味します。

そして紀州徳川家は、さらなるみかんの増産を指示するのですが、下津に隣接する有田に適地が広がっていた（東西に流れる有田川の北側（南向き）に広がる斜面）ので、そこに広大なみかん畑が出現します。また、下津のみかん畑は地形が入り組んでいるため、みかんの品質にもばらつきが生まれていましたが、有田は条件が均一で品質が安定していました。そして下津みかんはなぜか酸っぱかったのです。有田みかんは品質が安定していてかつおいしいと評判となり、有田みかんはトップブランドとして今日に続いています。

下津地域全域にみかん畑が広がったのと、有田に広大なみかん畑が出現したのと、どの程度の時差があったのかは定かではありませんが、隣に巨大なライバルが出現し、かつ一気に追い抜かれてしまいました。ここから下津の苦難の道が始まります。ご先祖が汗水流して命がけで切り開いてきたみかん畑を今更別の作物に転換することは出来ず、何とかして生き延びる策を考えます。そこで注目したのが酸っぱいみかんでした。

同じ品種のみかんを両地域の同じ条件の場所に植えたとしても、なぜか下津みかんの方が酸っぱくなるのです。その原因はいったい何でしょう。

両地域は隣接しているので、気象条件の違いではありません。また、慣行農と自然農とでは、後者の方が酸っぱいみかんとなるのですが、当時の農法に違いがあったとも考えられません。ではそれ以外にどんな理由があるのでしょう。考えられるのは土の違いです。

ここからは私の仮説ですが、みかんには様々な栄養素が含まれており、その一つが酸で、他にビタミンやミネラルがあります。酸っぱいという事は、酸を含む栄養素全般が高いという事で、ミネラルは土中から供給され、他の栄養素の多くはそれをもとにして生産されます。すなわち土中のミネラルの多さがポイントだと思うのですが、そのミネラルは土の下に広がる岩盤から、微生物の力で土中に供給されていきます。すなわち下津と有田では、土の下に広がる岩盤が異なっていたのです。私は下津の方がミネラル分の高い土だと思うのですが、そのことが下津みかんの欠点となったのです。

しかし、酸っぱいことは決して悪いことではなく、生命にとって酸を含む多様な栄養素は生きていくために必要なものです。生命活動は複数の栄養素のチームプレイで維持されますが、栄養素のバランスが崩れると、生命を維持することが困難となって腐ります。

みかんは収穫後も生き続けますが、下津みかんが酸っぱいということは、それだけ腐りにくいという事です。欠点を長所に変えるために、みかんを長く保存できる方法を探しました。そして畑の中に畑の土を練りこんだ土塀の蔵を建てて、その中に収穫したみかんを貯蔵する方法を見出しました。このことで、年内に収穫・販売される有田みかんと、収穫後にいったん貯蔵され、年明け以降に販売される下津みかんがすみ分けられるようになりました。ちなみにその後、早期に収穫される品種も生み出され、今では温州みかんというカテゴリーで、露地栽培に

貯蔵されてるみかん

蔵出しみかんと著者

おいて10月から3月までの約半年間出荷されています。

　また、貯蔵によって新たなみかんの魅力も引き出されました。みかんの甘さ（糖）は光合成によって作られます。酸っぱいと言っても糖は同じように作られており、貯蔵することで少しずつ減酸してゆき、酸の裏に隠れていた糖が表に出てきます。収穫直後では味わえない優しい味が生まれました。


　このようにみかんの歴史を掘り起こしながら、現在にどのように引き継がれてきているかを紐解き、農業遺産のストーリーを考えていきました。

　ここで紹介したのは下津の歴史のほんの一部ですが、これらの豊かな背景と現在の取り組みを組み合わせてアピールをした結果、２０１9年2月に、「下津蔵出しみかんシステム」として日本農業遺産に認定されます。

　農林水産省で紹介されている文章は以下の通りです。

『和歌山県海南市下津地域は、約１９００年前、みかんの祖となる橘が植えられたことから、日本のみかん発祥の地と云われています。

　当地域は、ほとんどが傾斜地であることから、独自の石積み技術により段々畑

豊かな暮らしを支える下津蔵出しみかんシステム

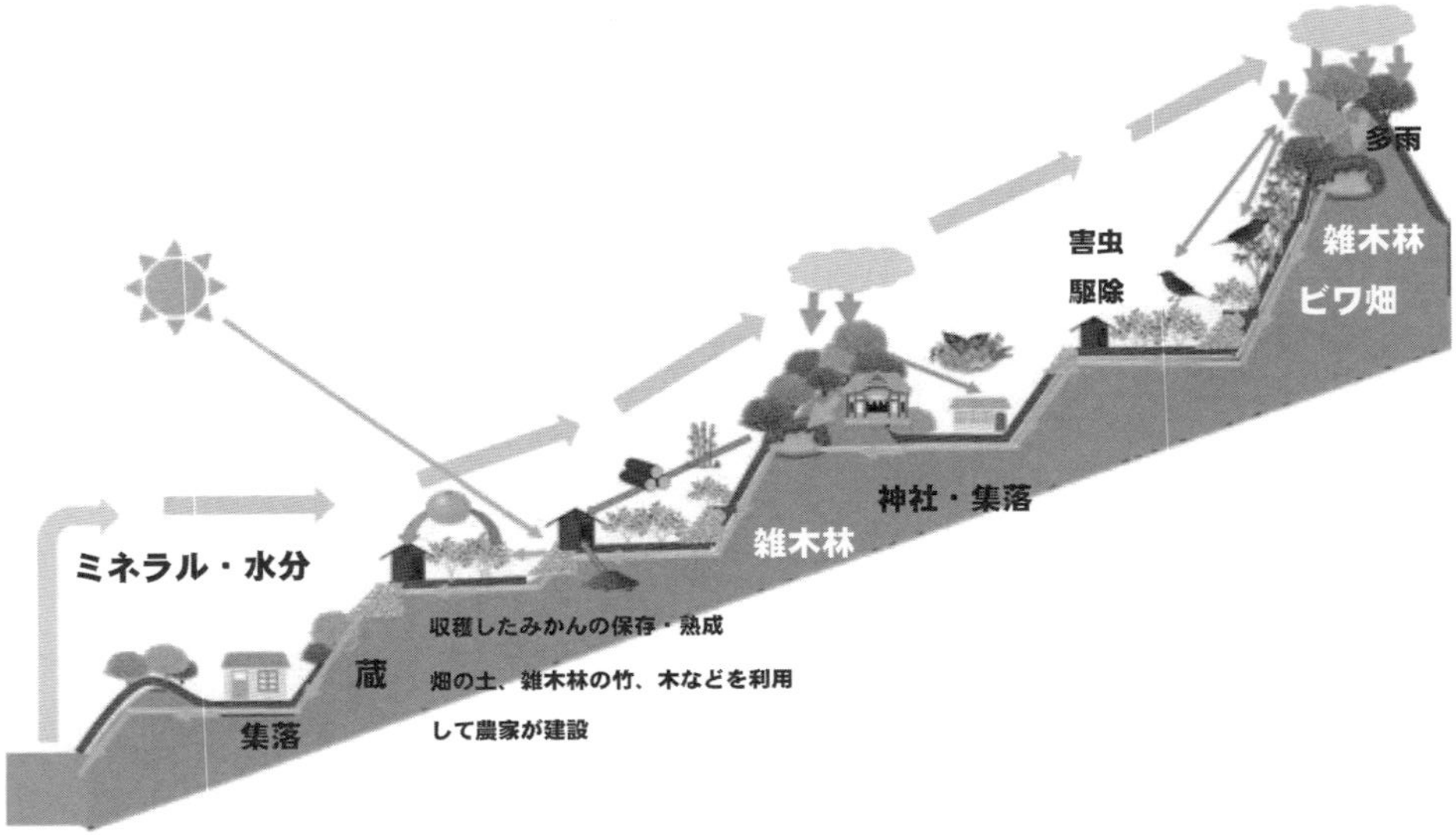

を築き、みかんを栽培し、急傾斜地等では、びわを栽培してきました。
また、みかん園内に土塀の蔵をつくり、自然の力で甘みを増す「蔵出し技術」を生み出しました。
さらに山頂や中腹に雑木林を配置することで、水源涵養や崩落防止などの機能を持たせるとともに、里地・里山の豊かな生物多様性を維持し、持続性の高い農業システムを構築しています。』

ポイント：歴史に学ぶ

地域の個性は時間の積み重ねで創られていきます。今の姿を見ているだけではわからないことも多く、その地域を調べることは有効です。下津は「下津町史」が編纂され、とても恵まれていました。しかし、散発的であっても古文書は残されているはずで、古文書を紐解く作業はとてもエキサイティングです。古文書等がなければ地名を調べましょう。地名には多くの情報が畳み込まれています。

話は戻りますが、事務局のメンバーと歴史の話などをしていた時、正式に会議を立ち上げるという話になり、その会議に出席してくださいとお誘いいただきました。立ち上がった会議は推進協議会で、協議会委員と委員をサポートする有識者で構成され、両者を合わせて40名程度、当然私は後者だと思い会場に行きましたが、協議会委員の席に導かれ少々ビックリしました。

私は下津の地で生まれ育った人間ですが、人生の大半を県外で過ごし、地元に戻ってまだ10年近くしかたっておらず、多くの人にとって「あいつは何者だ」という存在です。さらに推進協議会はほとんどの委員が「充て職（〇〇部長など）」です。事務局がこの案を通すのに相当苦労したのではないかと想像します。

私は裏方として事務局をサポートしようと決めていましたが、最前線に引っ張り出されたので、腹をくくってやりたいようにやらせて頂きました。

そのおかげで、色々な方と交流させて頂き、私が下津を不在にしていた空白期間を埋めて頂きました。認定のお力に少しでもなれていたのであれば幸いです。

ポイント：キーパーソンを探す

プロジェクトが成功するかどうかは、先頭に立って切り開いてくれる地元のキーパーソンを探せるかどうかにかかっています。私はまだ「地元民」になり切れていないという自覚があったので、その任は果たせないと思っていましたが、結果論から言えば、私を協議会委員に突っ込んだのは、事務局のファインプレーでした。まあ、自分のことをキーパーソンだと言っている人間は怪しいですけど（笑）

コラム：橘本神社

みかん発祥の地に建てられた橘本神社には、御祭神として田道間守神が祭られており、毎年みかん祭や菓子祭が執り行われています。

紀州徳川家によって実施されたみかんの試験栽培においても中心的役割を担っていましたが、それがご縁となったのか、研究活動を支えるという役割が随所に見られます。

例えば近年では南方熊楠とのご縁があり、熊楠の書簡なども残されています。また、カンキツ研究では世界的な権威である田中長三郎先生とも親交が深く、貴重な研究資料が数多く橘本神社に残され、「常世文庫」（資料館）を創設して、資料の保管に努めています。

　また現在でも、カンキツ研究を引き継がれている清水徳朗先生など多くの有識者との交流があり、日本農業遺産に認定される際にも、先生方のお力をお借りすることができました。このように寺社仏閣が地元の産業育成を支えるという構図は、海外では多く見られますが、日本では貴重な事例であると思われます。そして現在の宮司である前山和範さんもその活動範囲は広く、みかんの文化伝承に尽力されています。

　私が日本農業遺産の活動に参加させていただいて、橘本神社及び前山宮司とのご縁が深まったことに感謝します。

橘本神社と橘

コラム：紀伊國屋文左衛門のみかん船

紀伊國屋文左衛門のみかん船のことをご存じの方は多いと思いますが、そのみかん船で運ばれたのが下津みかんです。地元ではとても有名な出来事で、長く語り継がれてきましたが、「下津町史」では以下のように記述されています。

『和歌山から江戸へのみかん送りは、十七世紀の中ごろには、蜜柑方の組織の中で行われており、文左衛門のように個人的なみかん商人が、この中に割り込んでいけたかどうかは、はなはだ疑問である。』

すなわち、「地元ではとても有名な出来事とされているが、公式な記録は何も残っておらず、客観的に考えてこんなことができるとは考えにくい」ということです。

当時、下津みかんは主に上方に運ばれ、有田みかんは江戸に運ばれていました。市場としては江戸のほうが魅力的で、下津みかんも何とか江戸に進出したいと考えていましたが、独自に販路を開拓することは認められず、有田までみかんを運んで、お願いをして一緒に運んでいました。当然その扱いは厳しいものだったでしょう。私はこのみかん船のエピソードは、下津のみかん農家と文左衛門とによって起こされた一揆のようなものではなかったかと推理しています。すなわち犯罪行為なので、公的な記録に残るはずがありません。

このように推理する根拠は、文左衛門の出港の地とされている場所にあります。

下津には3つの港があり、塩津港は上方に出港する船の出発地点でした。ですから正規の出荷はここにみかんが運ばれ船に積み込まれました。そして大崎港は紀伊水道を行きかう船の寄港地であったそうです。そして文左衛門のみかん船が出港したとされる下津港は、当時は漁港でした。すなわちこの港にだけ役人がいなかったと考えられます。当然そこに積み込まれたみかんも、こっそりと抜け荷のような形で横流しされたものでしょう。無事江戸まで運ばれたみかんは、とても高値で売れたそうです。地元の下津では大歓声が上がりますが、誰にも言えません。事件は公になることなく語り継がれたのでしょう。公の記録はないので、事件の前と後で地域にどのような変化があったのかも記されていません。きっと見た目は何も変わらなかったと思いますが、有田に対する引け目のような感覚は消えていったのではないでしょうか。ご先祖たちもやるなーと誇らしく感じるエピソードです。

6章　みかんのもりプロジェクト

日本農業遺産の認定はいただきましたが、そのことで現状が変わるわけではありません。認定はゴールではなく、これからの活動に取り組む際の旗印でありスタートです。橘本神社のご縁で知り合った京都大学名誉教授北島宣先生からいただいた「農業遺産は過去の遺産を引き継ぐだけではなく、未来に残る遺産を、今を生きる私たちが生み出していくことです」という言葉が印象に残ります。

認定後に具体的な活動を進めるため、

・申請時に作成した行動計画の点検と見直し
・効果的な普及啓発の進め方

これらのテーマを掲げた2つの専門部会を立ち上げ、私は前者の部会に参加し、検討を進めました。

いろいろな検討を行ってきましたが、結論だけ言えば、どの地域にも共通する後継者問題とそのことで増加する耕作放棄地問題を解決していかなければ、何も継承していけないというところに集約されました。そしてもう一つ取り上げるなら、6次産業化の問題です。

しかし専門部会は大きな壁にぶつかります。これらの問題は認定前から存在し、様々な形で各主体が取り組んできました。しかし、大きな成果にはつながっておらず、認定されたからと言ってその状況を変えることはできるのか、変えることができるとしたらそれを誰が推進していくのか、というところで議論は止まります。

具体的行動なくして現状は何も変わらないのです。誰かが先頭を切り開いていかなければならない。誰がやるのか。

そんなことは最初から分かっていました。会議で発言した言葉がすべて私にブーメランで返ってきました。

行動に移すとしたら私しかできない。しかし、具体的内容は後述しますが、テーマがあまりにも大きすぎます。私一人ではとてもできない。妻の明子に相談して、「やるしかないでしょ！」と言ってもらえたので、妻にプロジェクトのパートナーになってもらい、私が研修生の育成や農地管理を、そして妻が青みかんの加工や商品開発を主に担当することとして、周りの人たちに「私たちがやります。だから皆さんサポートしてください！」と手を挙げました。

そして「みかんのもりプロジェクト」という構想を一気に構築しました。本章ではその内容と具体的取り組みを紹介しますが、本題に入る前に私たちの活動「みかん精の楽光」のその後を紹介します。

「みかん精の楽光」では栗の栽培まですでにお話ししましたが、結局栗の畑を手放すことになり、その活動は休止となりました。それでもみかんの収穫時期などでは皆に力を貸してもらっていましたが、本業の農作業がとても忙しくなってきていたので、改めてイベント等を企画して開催する余力はなく、外部の人に私たちのフィールド（みかん畑など）を開放し、イベントを企画していただいて、私たちがそのお手伝いをするというスタイルをとりました。
そして妻の明子のご縁から、摘み菜料理研究家のけいこ先生とアロマセラピストの坂下典子先生が我が家でワークショップを開催してくれることとなります。

けい子先生のイベントでは、野原や山などを散策しながらそこにどんな野草が生息しているかを観察し、それが食に適しているか（毒がないか）も学びながら、採取可能な場所では、その野草を持ち帰り、おいしく調理していただきます。そして私のところでそのイベントを行うユニークなところは、畑の草を摘むところです。そして時期が合えばみかんも摘める（笑）

もちろん自然農の畑だからそれができるのですが、イベントをお手伝いしながら、小さな空間でもたくさんの種類の野草が生息していることに驚き、畑全体が食糧庫に見えてきました。食糧危機が言われていますが、本当の危機は日本には来ないと思います。いざとなれば、私たちの周りにある草や虫を食べれば命は守れます。しかし美味しくいただく知恵をなくしてしまった。「摘み菜」の活動がさらに広がることを願っています。

みかんの花蒸留

蒸留会

典子先生のイベントは、みかんの花を摘ませてほしいというリクエストから始まりました。みかんの花にはネロリという香り成分が含まれており、アロマの世界では最も人気の高い香りの一つです。そして花の咲く季節では地域全体がその香りに包まれ、ワークショップに参加する人は電車を降りただけで感激してくれます。

ワークショップでは畑でみかんの花を摘み、それを持ち帰って我が家で蒸留器にかけて香りを抽出します。そして待つ間、みかんをテーマにしたワークショップ（みかんの皮を使ったお茶づくりなど）を体験してもらいます。

私たちはこのワークショップのおかげで、香りがとても身近になりました。そしてみかんには癒しの効果があることも再認識させてもらいました。

さて本題に入ります。

みかんのもりプロジェクトは主に二つのテーマにチャレンジします。

一つは耕作放棄地と後継者の問題です。現役の農家さんたちは、「私が元気なうちは頑張る！」と言ってくれます。しかし、元気でなくなる時は突然やってきます。大きな病気やけがをすることで、農作業を続けることが難しくなった時です。その時、後を引き継いでくれる人がスムーズに見つかればよいのですが、地域内の農家はすでに自らの畑の世話で精一杯の状況となっているので、新たな担い手を外から引っ張ってくるか育てないといけません。

後継者の育成は一軒の農家に押し付けることはできないので、地域で受け入れる体制を整備しました。私が暮らしている小畑地区には、マルコ柑橘出荷組合という10戸の農家で構成される地域共同出荷組合があり、私はその組合長をしているので、組合員の皆さんに協力依頼して研修生の受け皿としました。

そして耕作放棄地の問題です。先に述べたように、耕作放棄地は突然生まれます。しかしみかんの畑は1年放棄された程度ならまだ元の畑に復元できますが、2年以上経過すると、木がだめになってしまい畑は元には戻りません。しかし、後継者の育成には時間がかかります。この時間差を埋めるための対策として、耕作放棄されたみかん畑を、みかん畑ではなく地域資源（みかんのもり）として守る方法を生み出しました。それは、みかん畑にはみかんを作らずに休んでもらうのです。

みかんが未成熟で青みかんの時（7月頃）、すべての実を落としてしまいます。そして落とした青みかんを回収し、その青みかんで経済的価値を生み出すことで、プロジェクト全体の推進力を確保していきます。

ですからもう一つのテーマは、青みかんで経済的価値をどのようにして生み出すかです。青みかんは育毛剤など様々な分野で活用されてきており、提供先を探せば多少お金に換えることは可能です。しかし、それは微々たる金額です。自分たちで加工して付加価値を生み出し、そのことで地域の経済も活性化させていきたいという大きな夢を描きました。

以上のことを一つのプロジェクトとして絵にしたのが次頁の通りです。

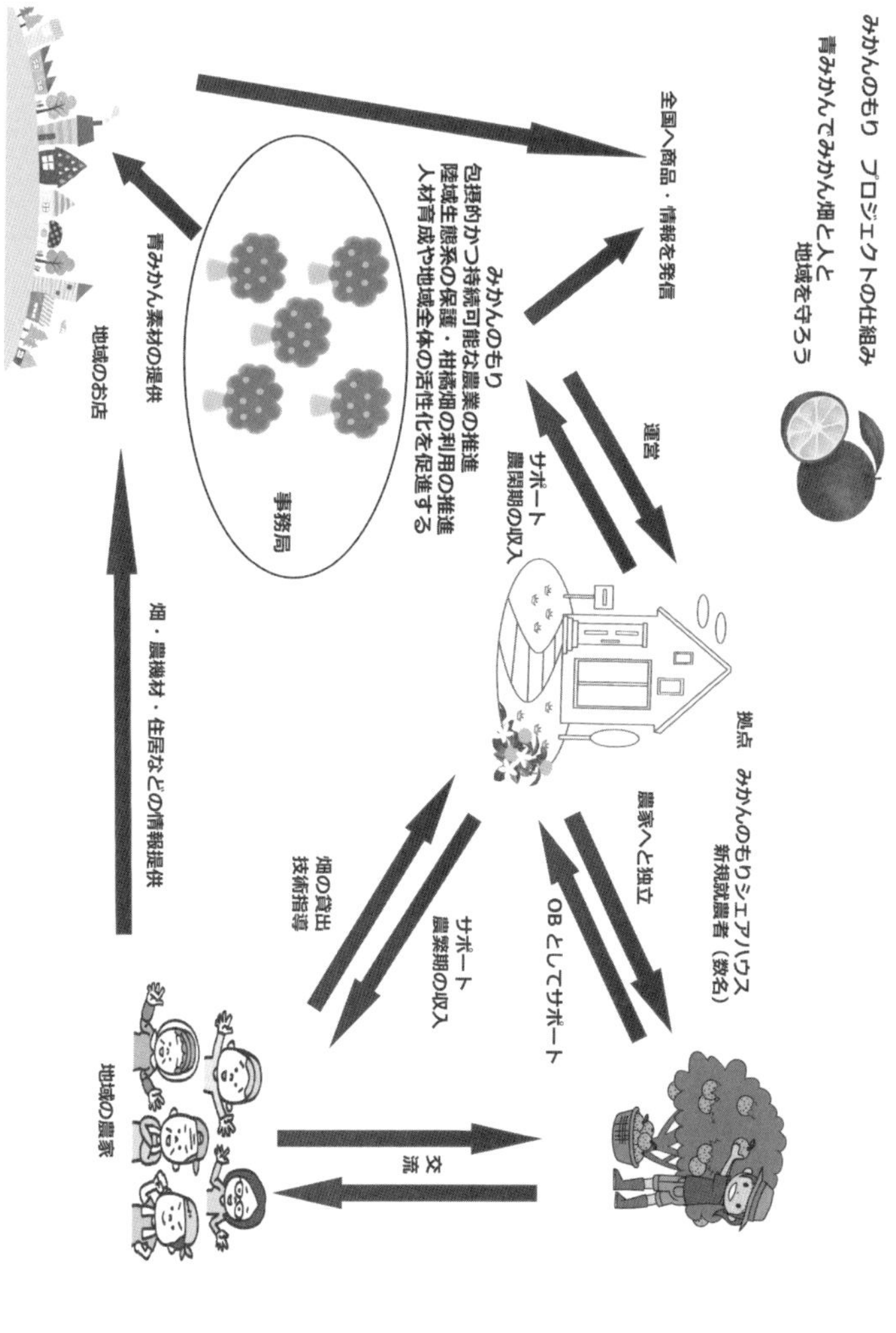
みかんのもり　プロジェクトの仕組み
青みかんでみかん畑と人と
地域を守ろう
拠点　みかんのもりシェアハウス
新規就農者（数名）
全国へ商品・情報を発信
運営
サポート
農閑期の収入
農家へと独立
OB としてサポート
みかんのもり
包摂的かつ持続可能な農業の推進
陸域生態系の保護・柑橘畑の利用の推進
人材育成や地域全体の活性化を促進する
事務局
サポート
農繁期の収入
畑の貸出
技術指導
交
流
青みかん素材の提供
畑・農機材・住居などの情報提供
地域のお店
地域の農家

次にこのプロジェクトを推進していくための活動費をどのようにして確保していくかという問題です。農業遺産の活動の中で生まれてきたプロジェクトですが、公の活動として予算を確保していこうと思うと、手続きにあまりに時間がかかります。すぐに活動をスタートさせたかったので、あくまでも私の私的な活動として立ち上げました。そして県には「農業農村活性化支援モデル事業」という制度があったのでそれに応募し認定されました（令和4年〜6年）。また日本農業遺産推進協議会においても、市内事業者の新商品開発に資するコスト（成分分析など）に限定して、予算を執行していただきました。

ポイント：モデル事業の認定

認定された県のモデル事業は、最長で3年、最大で合計100万円が認められますが、金額的にそれほど大した活動はできません。自己資本を投入する覚悟でスタートしましたが、それでも認定に向けてチャレンジしたのは、県が認めた事業という旗を立てたかったからです。そもそも個人で勝手にやっている事業とは思っていませんが、それを第三者に伝える際に余計な苦労はしたくありませんでした。「公共性」があることを相手に伝えることはとても重要です。

さて本プロジェクトは、令和3年度から立ち上げの準備を始めましたが、モデル事業の認定を受け本格稼働させた令和4年度の活動内容をご紹介します。

第一のテーマ：研修生に関する活動

まずは研修生の募集活動からスタートさせました。実際に活動を始めると、若者の農業に関する関心は高くなっているものの、最初から「みかん農家を目指したい」と明確に思っている人は少なく、野菜やコメ作りではなく、果樹栽培に関心を持っている人に広く呼びかけ、みかん栽培を通じて基本的な考え方や技術を身に付け、将来は梅や柿など他の果樹を目指しても良いこととし、入門のハードルを低くし、「柑橘栽培研修生」として募集を開始しました。その結果2名の応募があり、面接の結果受け入れる事としました。

研修生の生活費は、自ら農家に入りアルバイトとして稼いでもらいます。しかし忙しいときだけのアルバイトではありません。出来る限り多くの現場（畑）に

研修生を交えた出荷風景

出向き、いろんな畑を体験するとともに、多くの農家から様々な話を聞かせてもらうようにしました。この活動によって、研修生が自然と地域に溶け込めることが出来、また受け入れた農家はいろんな質問が研修生から出されるので、「困ったなー」と言いながらも、組合員の全員が先生だという意識が芽生え、皆で若者を育てているという雰囲気が広がりつつあります。

そして地域で跡を継いで頑張っている若者とも交流が生まれ、「マルコ若手の会」が結成され、継続的な交流が生まれています。研修生が入ってきてくれたことで、地域に新たなエネルギーが生まれようとしています。そして2023年3月、第一期の活動を無事終了しました。

ポイント：地域で受け入れるために

外部の人を受け入れる取り組みが各地域で行われています。しかしうまくいかないケースも聞かれます。受け入れる側では、新住民の里親となってくれる人を配置することです。そして新住民と旧住民との間に信頼関係が構築できるようなプロセスを用意することです。私たちは共に農作業をする時間を多く確保することで、「お前ならうちの畑を任せても良い」と思ってもらえるような関係性を目指しました。一見時間がかかるようにも思いますが、「急がば回れ」が良い結果につながると感じます。

第二のテーマ：青みかんに関する活動

青みかんは慣行農の通常作業においても摘果作業で得られます。しかし、このプロジェクトの青みかんとの違いは、農薬がかかっているかいないかです。本プロジェクトでは無農薬の状態で青みかんを収穫するので、食の素材としても使えます。具体的には株式会社森田泰商店（兵庫県加西市）さんにご協力いただき、真空技術を活用した装置で、青みかんを投入して、固形物（青みかんパウダー）、油分（青みかん精油）、水分（青みかん生体水）の3つに分離して取り出していただきました。

こうして生まれた素材（パウダーや精油など）を新たなる地域資源として地域の様々な事業者に提供し、新たな商品を生みだして地域の活性化に繋げると共に、普段は農業とは接点がない事業者に対しても、地域の農業に関心を持ち、私たちの応援団となってもらうことを目指しています。

私たちは本プロジェクトをスタートさせる以前から、みかんの畑を活用した様々なイベントを主催し、多くの人々を下津地域に受け入れてきました。このため最初は、これまでのイベント参加者に声をかけ、本プロジェクトを紹介し、イベントの内容も随時変更してきました。そして参加者には青みかんの収穫作業などを手伝ってもらい、そこで生まれた素材をシェアすることで、自宅に持ち帰り様々な活用方法を検討してもらいました。そこで生まれたアイデアをストックしているところですが、その中から「青みかんコーラ」をイベントの中で実際に手作りし、そのおいしさに大好評をいただきました。

地域の事業者との交流という点では、複数の機会を頂き、積極的に出向いてプロジェクトの紹介などを進めています。その中でも海南市主催の「おかし祭り」は有意義でした。青みかんパウダーは昔から漢方の材料としても使われていて多くの栄養素が含まれているので、子供達が食べるお菓子に使われたら嬉しいなという希望を持っていましたが、おかし祭りに参加した菓子関連の社会福祉法人一峰会あすの実（海南市）さんにサンプル配布したところ、さっそく「青みかんポップコーン」の試作をして頂きました。青みかんの持つ酸味とほろ苦い味が非常に良いインパクトとなり、今まで味わったことがないポップコーンに仕上がりました。

しかし、一般には新たな事業者と話を進める場合、具体的な実績の有無が相手の関心の度合いに影響すると感じます。このため、「青みかんポップコーン」は社会福祉法人一峰会あすの実さんに、「和漢青みかんコーラ」は株式会社森田泰商店さんにOEMで製造していただき、私たちが自ら販売して実績を積み上げていくこととしました。

３つの素材と新商品

新商品を販売し、より多くの人の目に留まることで、本プロジェクトの認知を広げ、新たな事業者の参画につなげたいと思います。そして「下津」というブランドが日本全域に広がっていくことを願っています。

素材の力

新商品の販売は、本プロジェクトの認知を広げるとともに、プロジェクトを継続させていけるよう、その足腰を強くすることを目的としています。しかし一番の狙いは、新商品に使われている素材に注目してもらい、個々の事業者の既存商品に取り入れてもらい、新たな商品を生み出してもらうことです。それらの商品が関連商品として手を結び、お互いの販売力が強化されて、地域全体を盛り上げていきたい。ですから私たちが提供する素材の魅力と可能性についてみていきます。

○青みかんのなごみ（精油）

青みかんの加工で最初に注目したのが精油を取り出すことでした。精油はすでにアロマ等の世界で市場が形成されているので、うまく抽出さえできれば、販売していける可能性があります。あとはコストと品質です。また精油の抽出方法も複数あり、どの方法が適しているかを調べる必要もありました。

試行錯誤の結果、株式会社森田泰食品さんの方法が最適であるという答えに行きつきますが、問題は加工コストでした。精油のみを販売する場合、とても高い価格となってしまうので、後に述べるパウダーや生体水にもすべて価値をつけていく方法を探ることとなります。

精油の世界はヒノキなど林業関連の商品が多く、柑橘関連はあまりありません。また既にある商品は、完熟した柑橘の皮から抽出するものが多く、青みかんの精油はあまり供給されていません。商品にする価値はあると考えましたが、問題は香りです。そして実際にできた精油は、非常にさわやかでかつ濃厚でした。しかし柑橘系の精油は揮発性が高く、すぐに香るのですが香りが長く続きません。

精油を広めていくときのポイントは「ブレンド」でした。複数の精油をブレンドして、オリジナルの香りを生み出していくのです。そのため、県内で精油を抽出している事業者を探し、お互いの精油を持ち寄ってオリジナル商品が開発できないか、その可能性を追求しているところです。和歌山は精油が抽出できる素材で満ち溢れています。いずれ精油王国となり、オイルマネーでがっぽり稼げる地域にしていきたいです。

○青みかんのちから（パウダー）

青みかんから油分と水分を取り出し、残った固形物をパウダー状に加工してもらいました。

青みかんは昔は中国に輸出され、漢方の素材として活用されていました。また近年では血流促進効果（ヘスペリジン）があるため育毛剤として活用されています。主な成分分析は行いましたが、成分分析は項目ごとに調べる必要があるので、コストの関係でまだ全容は明らかになっていません。しかし、有効な成分が多く含まれていることは明らかで、また加工もしやすいことから、今後の新商品開発の主力と位置付けています。

さらに他の農産物をパウダー化することも比較的簡単で、私たちも青みかんではなく、自然農栽培でしっかり完熟したみかんを皮ごとパウダー化し、それを「完熟みかん丸かじりパウダー」と名付け姉妹品を作りました。収穫した時期が違うだけなのに、味見も成分も大きく異なり、今後の可能性を感じています。

多くの地域では廃棄される運命にある未利用農産物があるので、それらをパウダー化し、地域同士が連携してパウダーの商品ラインアップを広げていきたいものです。しかしネックはやはり加工コストで、将来県内に共同の加工所を持つことができたらという夢も生まれました。

○青みかんのしずく（生体水）

一番活用が難しいのが「青みかんのしずく」（生体水）です。水ですからね。でもこの水は、植物細胞の中にある水を取り出したものです。水は通常、複数の水分子がくっついて大きなクラスター（塊）を形成しています。しかし植物細胞の中の水は、水分子単体で存在しているので、水の粒子が細かくなり、ナノ水とも呼ばれています。ナノ水は細胞の壁を通り抜けるのでとても浸透性が高くなります。

自然界では雨水がもっとも水の粒子が細かく、その後、水同士がくっついて大きな塊を形成していきます。雨が降った後の植物と、灌水で水を与えた植物とでは圧倒的に前者のほうが成長が速いのは、浸透性の違いによります。

私はこの浸透性の違いに着目して、農業資材としての活用を考えました。私の自然農では、乳酸菌栽培と言って自前で発酵液を作ってそれを園地に投入していますが、現在は海水でその発酵液を作っているのを、青みかん生体水で仕込んでみました。例えばみかんを輪切りにして漬け込んだ場合、発酵後に固体と液体を分離して液体を畑に入れます（個体では肥料を作ります）。ところが青みかん生体水でこれを行った場合、投入した固形物が高い浸透力によってドロドロに崩れてしまい、発酵後に固体と液体を分離するのが困難な状況になってしまいました。もちろん発酵もいつも以上に活性化しました。

青みかん生体水が持つパワーにびっくりし、農業資材として活用するなどもったいないと感じ、いろいろな事例を調べました。

一つは化粧水としての活用でした。肌にしっかりと潤いを与えるので、みずみずしい肌を保てます。

そしてもう一つは医学界での活用です。植物生体水を体内に取り入れる（飲む）ことにより、体内の免疫力が復活し、症状が改善したという報告があります。そして医学的エビデンスを積み上げる実験に取り組んでいるメンバーとも出会ったので、青みかん生体水の可能性も検討してみませんかという提案はしていますが、私たちのような素人が手を出せる分野ではありません。

当面は私たちの商品で自己完結させることとしました。先に紹介した「和漢青みかんコーラ」です。この商品は青みかんパウダーと青みかん生体水、そして私が自然農で栽培している四季の柑橘を使用して作るシロップ（数倍に希釈して飲んでいただく商品）です。徹底的にこだわったので、季節限定・数量限定となりなかなか手に入らない商品となりそうです。広く流通させることは難しいので、ご関心のある方は是非下津まで足を延ばしてください。

一年間で一気にここまで話が進みました。立ち上げた当初は、自分たちで新商品を開発し、自分たちでそれを販売するといったところまでイメージしていませんでしたが、ここまで話が進んだ以上、本業（農業）とこの活動をしっかりと分けていく必要を感じ、２０２３年６月２日に「株式会社みかんのもり」を設立することとしました。この法人では、みかんのもりプロジェクトから販売活動（経済活動）のところを切り離すことを想定しています。

私たちの最新活動は随時「みかんのもりホームページ」でアップしていく予定です。「みかんのもり」で検索して時々のぞいてみてください。

また、青みかんに関するビジネスパートナーはいつでも大歓迎です。少しでもご興味持っていただいた人がいましたら、お気軽に私たちに声をかけてください。

7章　世界農業遺産そして未来へ

私たちが、専門部会で様々な検討を進めていたころ、お隣の有田地域も「みかん栽培の礎を築いた有田みかんシステム」として、2021年に日本農業遺産の認定を受けます。農林水産省で紹介されている文章は以下の通りです。

『有田地域では、高い観察力を持った生産者が、数多くの優良品種を見出すことで、栽培品種のバリエーションを高めてきました。加えて、ミカン農家自身が高品質な「二年生・土付き苗木」を生産しており、産地内での品種育成と苗木生産の組み合わせにより、産地の自立性を向上させています。

栽培面においては、多様な地勢・地質の組み合わせに応じた栽培・品種選定を行うことで、高い品質を誇る「有田みかん」産地を地域全体で形成してきました。

また、日本初のみかん共同出荷組織「蜜柑方（みかんがた）」を起源とする多様な出荷組織が共存することで、「有田みかん」ブランドを維持しています。
本システムにより、有田地域は、400年以上にわたり持続可能な発展を続け、日本一の生産量を誇る産地になるとともに、みかん栽培の礎を築き、他産地の発展をけん引してきました。』

下津地域と有田地域は隣接し、時には競争し時には協力しながらともに歩んできました。しかしその歩んできた道は異なります。なので、個別に日本農業遺産の認定を受けたのですが、日本の目線から見たら、両者はほとんど同じです。ですから国からは、「この先（世界農業遺産）に進む意思があるのなら、両地域が力を合わせて取り組んでください。」とアドバイスを受けました。このため県が間に立って両推進協議会に両地域が合同で取り組むことの是非を問い、賛同を得られたので、世界農業遺産に向けた取り組みが立ち上がりました。

そして2023年1月、世界農業遺産の国内の候補地として、有田・下津地域が選ばれました。日本農業遺産の場合はこの段階で認定となるのですが、世界農業遺産は国連食糧農業機関（ＦＡＯ）が認定するものなので、２０２３年の秋に農林水産省を通じて正式に申請書が提出され、ＦＡＯによる審査が行われます。ですからこの原稿を書いている段階ではまだ結果はわかっていません。

この取り組みが成功するかどうかは、世界農業遺産として認定されるかどうかではなく、有田と下津が一つになることで新たなる価値を生み出せるかどうかにあると思います。

では新たなる価値とは一体何でしょうか。普通の発想で考えるなら、年内（10月～12月）の市場を主力としている有田みかんと、年明けの出荷（1月～3月）を主力としている下津みかんがリレー出荷することで、温州みかんという一つのカテゴリーで約半年間という長きにわたり、出荷し続けることが可能となります。しかしそれが双方のメリットになるかというと、すでに両地域とも出荷ルートが確立されているので、あまり影響はありません。ただし、海外進出など新たな販売ルートを開拓する場合は、協力してアプローチすることは大きな効果となるでしょう。

また、新規就農希望者を地域で受け入れ育成し独り立ちさせていくという取り組みも、協力することでさらなる効果が期待できるでしょう。また石積み研修などの技術習得の機会も、共同での開催は有効ですし、様々なイベント情報もシェアしていければ、相乗効果が期待できます。

このようなアイデアはいくらでも出てきそうですが、それで成功したといえるでしょうか。本書は共生進化論の本です。読者はもっと斬新な発想を期待していますよね。

両地域が一体どういう関係性にあるのかを、改めて見てみましょう。

最初にみかんの商業栽培にチャレンジしたのは下津です。そして、必死にその可能性を探り、山野を切り開いて急傾斜地に石積みのみかん畑を生み出し、地域の未来に大いなる可能性を感じ始めたころ、紀州藩の増産命令により突然隣の有田に強力な産地が誕生しました。

品質が安定し、味もよく（酸っぱくなく）、おまけに大量のみかんが生産され始めました。もし有田が先にみかん栽培を始めていたのなら、王者に挑むような愚行を下津はしなかったでしょう。しかし、ご先祖様の汗と涙の結晶であるみかん畑がすでにある。これを無いものとすることはできず、必死に有田に立ち向かい、蔵出しという技術を開発することで、やっと生き残る道が見えてきました。

もちろん有田も数々の試練を乗り越えてきましたが、それは県外産との競争や天候不順などでした。天候といえば水ですが、有田には有田川という膨大な水がめが目の前にありますが、下津にはこれといった河川がなく、日照りが続くとあっという間に川が干上がります。ため池を作って貴重な水を必死に守るなど、天候に対しても下津は過酷でした。

先に「時には競争し時には協力しながらともに歩んできました」と書きましたが、本当はこんな関係ではなかったと感じます。下津は絶えず有田を意識し、必死に乗り越えようとしてきましたが、有田は下津など眼中になかったのではないでしょうか。

ですから、今回の世界農業遺産への取り組みも、両地域が力を合わせてチャレンジしようという県の呼びかけに対して、下津は「しようがない」と思いましたが、有田は「なぜ下津と手を組む必要があるのか」と思った人も多かったでしょう。

両地域の関係は「光と影」の関係なのです。あるいは「表と裏」です。この両地域の間にひかれた線を消していくことは容易ではありません。しかし、容易ではないからこそ、境界線を本当に消すことができたならそこに何が生まれるのか、考えるだけでワクワクします。

では、光と影が融合するとはどういうことでしょう。光だけが存在することはなく、影とセットになって存在します。表と裏もそうですね。また「陰と陽」も同様です。両者はもともと「一体」でした。しかし分離して異なる性質が現れます。ですから融合とは一体に戻るということです。しかし、「一体」とは何かというのも難しい。実は一体の本質を表した言葉が日本語にあります。それが「空」です。般若心経の中に出てくる「色即是空空即是色」という言葉が有名ですが、「色それすなわち空であり、空それすなわち色である」と聞いてもさっぱりわかりません。

私は宗教の勉強をしていた時期があり、色とは見える世界（物質世界）を表し空は見えない世界（精神世界）を表していると理解しましたが、色即是空空即是色の意味はその時は分かりませんでした。

ところが突然わかる瞬間がやってきました。

私が和歌山に帰りひたすら草刈りをしていた時です。一休みして今刈ったばかりの畑に横たわっている草を眺めていました。しかしこの草はあっという間に消えていくのです。この草はどこに行くのだろう・・・。草は微生物の働きで、小さく刻まれていきます。やがて土の中に取り込まれ、土の下層部へと運ばれさらに小さく分解されます。そして目には見えない小ささまで分解されていきます。一方、微生物は草を餌としてそこから生命エネルギーを取り出していきます。そして草がその姿を完全に消した時、そこは生命エネルギーで満たされた状態になります。生命エネルギーとはすべてを生み出すエネルギーです。

空とは、「そこには（見えるものは）何もないのに、すべて（を生み出すエネルギー）がある」状態だと気付きました。私たち農家は日々畑を空で満たすために汗をかきます。だから畑の土にはすべて（農作物）を生み出す力があります。

色即是空空即是色とは、「色は空によって生み出されそして空に帰ってゆく。だから色と空は絶えず一体であり、分離していないのだよ、両者を別々のものと分けて考えてはいけないよ」そういう教えだと感じます。

新たな可能性（エネルギー）を生み出すために、最初にすることは目の前に存在する境界線を消すことです。消した後の行動も大切ですが、まずは消すことに意識を向けることです。

たとえば私は未来を支える農法を確立したいと日々活動しています。それは自然農と慣行農の間に横たわる境界線を消す作業です。自然農は過去の知恵であり、慣行農は現在の知恵です。本来は一体のものなのです。私は両方の農法を実践していますが、自然農では自らの技術を引き上げるためのフィールドとしており、慣行農は、そこに自然農で身に付けた技術をどのように取り入れていくことで、慣行農で生み出される農産物の品質（価値）を引き上げていけるかどうかを実験しています。そしてその可能性はとても高いと感じます。

過去の技術（知恵）は本当に素晴らしい。そしてそういうチャレンジを農業遺産の地で行うことに意味があります。遺産を遺産として引き継ぐだけでは未来は開けません、過去にもう一度スポットを当てて、現在の農法と融合させて未来の農法を生み出していく。農業遺産の地で未来の農法を生み出していくことが、他の地域への波及効果も大きいと感じます。

さて有田と下津の間の境界線をどうやって消していけばよいかという問題です。両地域は「光と影」でしたから、その境界線を消せばとてつもなく大きなエネルギーが生み出される予感がしますが、今の私にその答えは見えていません。しかし何をするべきかはわかります。

両地域の境界線は人間が生み出したものです。両地域に暮らす人々の心の中の境界線を消していかなければなりません。その第一歩が、協働で世界農業遺産にチャレンジするという行動であり、これを第一歩としなければなりません。それは認定を受けることがゴールではなく、(たとえ認定されなかったとしても)そこから境界線を消す作業をスタートさせましょう。

心の境界線を消すためには、ともに汗を流すことが一番です。「同じ釜の飯を食う」のです。地域は隣接しているのに、現状ではそのような活動はとても不足しています。そしてみかんをテーマにしている限り、なかなか解決するのはむつかしい課題かもしれません。

であれば、みかんから一歩離れて、まずは境界線を消すためにともに汗を流すプロジェクトに取り組んでみてはどうでしょう。

最後に両地域に関係する魅力的なプロジェクトが動き出そうとしていますのでその紹介をします。

本題に入る前に、有田・下津のみかん栽培で不思議に思っていたことがあります。両地域で400年にわたりみかん栽培が引き継がれてきたのですが、なぜ400年もの長い間、すたれることがなかったのかという素朴な疑問です。なぜならみかんは隔年結果がとても激しい果物だからです。隔年結果とは二年ごとに実を付けるということであり、要は豊作と不作が交互にやってきます。今では様々な工夫により平準化が進んでいますが、それでも表年（豊作）と裏年（不作）は消えることがありません。これが米作だと大変なことになり、二年に一度飢饉がやってくるようなものです。しかしみかんはし好品ですから、みかんがなくても生活できます。国民はみかんが無くても命を守れますが、農民は2年に一度の収入で生活ができたのでしょうか。さらに世の中が飢饉で苦しんでいたら、たとえみかんが豊作であったとしても、みかん農家にお金が回ってきたのでしょうか。とても収入が不安定なみかん栽培が400年も続いてきたのには、何か理由があるはずで、一体それは何だろうと疑問だったのです。

ある人との話の中でその答えは「和ろうそく」だと知ることになります。

江戸の初期、ちょうど下津でみかんの試験栽培が始まったころ、薩摩から有田に和ろうそくの製造技術が伝わりました。そして有田を中心に周辺の下津や海南などを巻き込んで和ろうそくの生産地が形成されました。すなわち江戸時代ではみかんと和ろうそくの二つの産業が両輪として有田・下津地域を支えていたのです。

和ろうそくは生活必需品なので、安定した収入となり、生きていくために必要な環境を維持し、みかん栽培によってさらなる豊かさをもたらしてくれたからこそ、400年という時を乗り越えてこられたのではないでしょうか。

ところが戦後、石油精製工程で副産物として発生するパラフィンが安価で手に入るようになり、和ろうそくは一気に斜陽産業となり、今日では和ろうそくが作られていたという事実すら知らない人が多くなっています。ハゼを栽培する畑やハゼロウ（和ろうそくの原料）を絞る工場がわずかに残っていますが、和ろうそく産業は「風前の灯火」なんて笑えない冗談です。

これはまずいと考え、この地に和ろうそくの文化を復活させようと立ち上がった人物が脇村正次です。いきなり敬称略となりましたが、脇村正次は私の実兄です。兄弟そろって似たことをやっていますね。兄は有田で線香の工場を立ち上げ経営してきたので、和ろうそくとのご縁もあったのですが、取引先から有田のハゼロウは最高の品質だと聞かされ、本当か？　と歴史を調べ始めました。そして風前の灯火であることを知り、「これはまずい。何とかしなければ・・」となるのですが、さっそく課題に突き当たります。

ハゼの木はいたるところに存在し、みかん畑にもすぐに生えてきます。しかしそのように自然に生えてきたハゼの木の実を収穫しても、その実は小さくハゼロウを絞るのに適していません。とても大きな実をつける紀美野町原産のブドウハゼという品種を接ぎ木して、苗木を育てていく必要がありますが、そのハゼの接ぎ木技術がすでに失われていたのです。みかんも接ぎ木で苗木を作るのですが、その技術ではハゼは活着しませんでした。試行錯誤して接ぎ木の技術を復活させたのが、兄の義父の脇村弘さんです。兄は自分だと言い張りますが、弘さんです!!

脇村弘さん（左）と正次さん（右）ハゼの畑にて

ブドウハゼの原木は県の天然記念物に指定されていましたが、失われた（枯れた）として指定が解除されていました。ところが、地元の高校生によってブドウハゼの原木が再発見され、原木も天然記念物に再指定されます。そして和ろうそく復活の追い風が吹いてきました。

今ではブドウハゼの苗木も順調に生産され、兄はところかまわず（もちろん下津も）苗木を植えに走り回っています。「ハゼはかぶれるというけど、あれは嘘やで。かぶれると思って触るからかぶれるんや。なんも知らん人はかぶれへんし、ハゼと言って別の木を触らせてもかぶれるで（実際にはかぶれますのでご注意ください）」と訳の分からないことを言いながら、嬉々として走り回る兄の後ろ姿を見ながら、「一番ハゼにかぶれてるんは自分やないか！」と弟に言われていることに気付いているかどうかは知りません。

しかし、ブドウハゼが順調に育ち、ハゼロウが安定的に生産されるようになったとしても、和ろうそくを復活させるという兄の野望が成功するかどうかはわかりません。実は海外からはハゼロウは「ジャパンワックス」と呼ばれて、医療業界や化粧品業界から注目されているのです。ハゼロウが復活すれば他業界から注文が入り、和ろうそくの原料としては手元に残らないのではないかと感じます。

そしてそれが兄のプロジェクトに私が期待しているところです。地域において「本物の素材」を生み出す力が様々な縁を生み出す力となり、その先に新たな未来が描かれます。

私たちのみかんのもりプロジェクトで生み出される青みかん関連の素材にも同様の力が宿っています。「本物の素材」には融合を推進する力があります。

そして将来、ハゼロウと青みかん精油が組み合わさって新しい商品が生み出されたなら、それは有田と下津の融合のシンボルとなり、両地域の境界線を消す力となるでしょう。

心の中の境界線は、ワクワクすることに共に取り組むことで消えてゆきます。下津のみかんのもりプロジェクトも有田のハゼロウプロジェクトも、関心ある人はいつもウェルカムでお待ちしております。

付録　1%クラブにようこそ

以下に紹介する文章は、前作『コロナ後の世界再生論』出版直後にまとめたものので、農哲副読本として冊子にまとめ、多くの方に読んでいただきました。とても好評だったので、次作品（本書）はこの内容をベースにして構成しようと思ったのですが、執筆が止まってしまい、日々の取り組みの中で、第2部でご紹介した実践編を主体とした本としたいと思い、全面的に書き直しました。

しかし、以下の内容にはぜひ皆さんにお伝えしたい内容が盛りだくさんですので、ほぼ原文のままここに掲載させていただきます。内容が重複している個所も随所にありますが、そこは重要な箇所でもありますので、復習の意味もかねて特に手は入れていません。

ぜひ皆さんも、「1%クラブ」にご入会いただき、ワクワクする未来を共に創造していきましょう。

序　戦いの最前線

今人類は存亡の危機に直面しています。しかし、あなたが自らの意識を進化させることができたなら、人類を救うことができます。

こんなことを突然言われたら、それを信じる人はいるでしょうか。しかし一人は必ずいます。それが私です。ではそんなことを信じる私とはいったい何者でしょうか。

私は１９６０年に和歌山のみかん農家の三男として生まれましたが、子供のころに重度の小児喘息を患い、入退院を繰り返す日々が続きました。小さい身体には負荷が大きく、大人たちが「これは公害病ではないか」と囁くのを聞いたとき、「だったら僕がこの世界からそんなものをなくしてやる！」と小さな心に誓いました。

大人になって病気も全快し、子供のころの誓いを胸に環境コンサルタントの道を歩み始めました。プライベートでは環境保全の市民活動に参加しながら、仕事として市民参加型まちづくりのお手伝いをしてきました。また、環境基本計画や地球温暖化対策推進計画といったプランニングにも取り組みました。国や研究機関の仕事では、有識者や研究者と連携して政策立案のサポートなどしました。また民間企業のパワーを活用するのが最も有効だと考え、環境マーケティングや環境ビジネスの創出などにもかかわりました。さらに普及啓発事業としてのシンポジウムやセミナーの開催、人材育成の研修プログラムの開発と自ら講師としての活動。また執筆では『新説市民参加』（公人社、共著）や『地域再生の処方箋』（文芸社、単著）などの出版活動もしてきました。

とにかく、この世界を救うための突破口を必死で探し続けました。

その頃の私は家庭でも深刻な課題を抱えていたので、プライベートな時間はほとんどない状況で、365日ひたすら走り続けるという人生を30年近く続けてきました。しかし突破口を見つけることはできませんでした。

私たち人類の今の状況を例えるなら、私たちは100キロで突っ走るバスの中にいます。そして目の前には断崖絶壁が迫ってきています。それなのに、ブレーキを踏むことすらせずにさらにアクセルを踏みつけ、バスの中ではどんちゃん騒ぎをしています。そんな現実の前では私のちっぽけな力など全く歯が立たず、この世界に絶望し、突破口を見つけるためのすべての活動を終わりにする決断をしました。

ただ一つの後悔は子供のころの自分の誓いに答えることができなかったことです。「やれることはすべてやりきった。だから許して。」それが２０１０年のことです。

環境コンサルタントの仕事を辞めたのにははっきりとした理由はありますが、農業を始めた理由はありません。農家に生まれましたが私は三男です。いつか農業をするという意識を持ったこともありませんでした。何かに導かれるように農業の世界に立っていました。

高い志を持って農業と向き合ったわけではないのですが、今できることに全力で取り組むとか、答えは自分の中から引っ張り出すといった習慣は既にしっかりと身についていたので、それが農業でも変わることはなく、例えば「草を刈る」こと一つを取り上げても、草は根元から刈るのがいいのか、それとも腰高で刈るのがいいのか、新芽が出たらできるだけ早いタイミングで刈るのがいいのか、それとも種をつける直前に刈るのがいいのか。草を刈り続けると一気に植生が変化していくのはなぜか。そもそも去年までまったく目にしなかった草が突然生えてくるのはなぜか。その種はどこから来たのか。刈った草があっという間にその姿が消えてしまうのはなぜか。消えた草は土の中でどのように変化していくのか。除草剤を使う周りの畑と草を刈るこの畑ではいったいどのような違いが生まれてくるのか。土の中にはどんな世界が広がっているのか。

そんなことをひたすら考えながら日々の農作業に打ち込みました。

すると半年もたたないうちに畑から様々なメッセージを受け取るようになってきました。見える景色が一気に変化してきたのです。すると30年近く探し続けた突破口も見えてきました。その答えは畑（自然）の中にありました。

２０１０年に環境コンサルタントを辞めた時、人類が助かる可能性は０％だと確信していました。しかし10年たって私はとても楽天家に変わりました。今はその可能性は五分五分だと感じています。0％から50％に変化したのです。そしてこの50％の上に小さなやじろべえが立っています。そのやじろべえが崩壊に傾くか再生に傾くか、それを決めるのはあなたの小さな最後の一押しです。

もう一度お聞きします。今人類は存亡の危機に直面しています。人類の存亡をかけた最後の戦いが始まっています。あなたはその最後の戦いの最前線に立つ勇気と覚悟がありますか。

もしその覚悟があるのなら、その覚悟がどうして人類を救うことにつながるのか、そのお話をこれからしていきます。

1　進化の定義

この付録で最も重要なキーワードは「進化」です。

進化というと「ダーウィンの進化論」が有名です。しかしそこで語られる進化は「進化」ではなく、環境への「適応」ではないかと感じます。

自然界において進化するとは、自然界の持つエネルギー（波動）が引きあがる現象のことです。エネルギーが引きあがるとそれは繊細となり、多様なエネルギーが共鳴し合います。共鳴が新たな生命を生み出しそこに多様性が生まれます。これを「エクトロピー」と呼びます。エクトロピーの反対語はエントロピーです。ですからエントロピーの増大とは退化することです。

今地球上ではどんどん多様性が失われてきています。人類は退化しているのです。退化から進化へ、このベクトルの向きをひっくり返すことでしか、人類が救われる道はありません。

２００９年に出版した『地域再生の処方箋』では、地域の波動を引き上げることが地域再生の道であると述べました。そして波動を引き上げるための様々な処方箋を書きました。この本は地域進化論だったのです。そして２０２１年に出版した『農哲流コロナ後の世界再生論』では、発酵モデルと腐敗モデルという言葉を用いて、腐敗モデルから発酵モデルへの転換について書きました。もちろん腐敗モデルが退化モデル、発酵モデルが進化モデルです。

そしてこの両者のカギとなるのが意識の進化です。人間の意識の進化なくして、地域も地球も再生させることはできません。

自然界ではいつも進化に向けて大きくエネルギーが流れています。その流れを遮ってこの地球を退化させている元凶が人間の意識です。人間意識の変革なくして、この地球を救う手立てはありません。

2　表の世界と裏の世界

まだ本題に入っていません（笑）。本題に入る前にもう一つ理解していただきたいことがあります。

私たちが生きるこの世界は、見える世界と見えない世界の二つの世界で構成されています。見える世界とはこの物質世界のことで、ここでは「表の世界」と呼ぶこととします。そして見えない世界は意識世界のことで「裏の世界」と呼びましょう。表と裏は一対です。両者が重なってこの世界ができています。

そしてこの地球を救うとは、表の世界を持続可能な世界へと引き戻すことです。最終的には表の世界を変えることですが、表の世界を直接変えようとしてもその答えはありません。30年間探し続けた私が断言します。

表の世界は裏の世界を投影しているだけなのです。表の世界は結果の世界です。表の世界を変えるにはまず裏の世界を変えなくてはなりません。裏の世界を変えるだけではまだ不十分なところがあるのですが、それはあとの話として、今最優先で取り組むべきことは裏の世界を変えることであり、それが全てといってもいいくらいに重要なことです。

表の世界は今退化し続けています。表は結果ですから、裏の世界も退化し続けています。農哲流に言うならば、裏の世界は腐敗エネルギーでおおわれている状態です。これを発酵エネルギーに置き換えていくことが私たちのチャレンジです。

ではどのように置き換えていくのか！　ここからが本題です。

3　裏世界のルール

表の世界では私たちは一人の人間として活動しています。どこまで進んでも一人は一人です。ですから政治でこの世界を変えようとしても私たちは「1票」を投じることしかできません。どんなに頑張っても一人で「10票」も「100票」

も投じることはできないのです。表の世界において多数をとることはとても困難です。

しかし裏の世界は違います。エネルギーの世界は無限です。

人類のエネルギーの平均レベルを1とします。私たちの基本的エネルギーの大きさが1だとして、その大きさ（高さ）を10倍にも100倍にも、さらにはもっと高いエネルギーにすることも可能です。

例えば今、100人がいるとして、表の世界で多数を占めようとすると51人が結束しないといけません。しかし裏の世界では一人の人間が生み出すエネルギーを100倍に高めることができたなら、99対100となって、

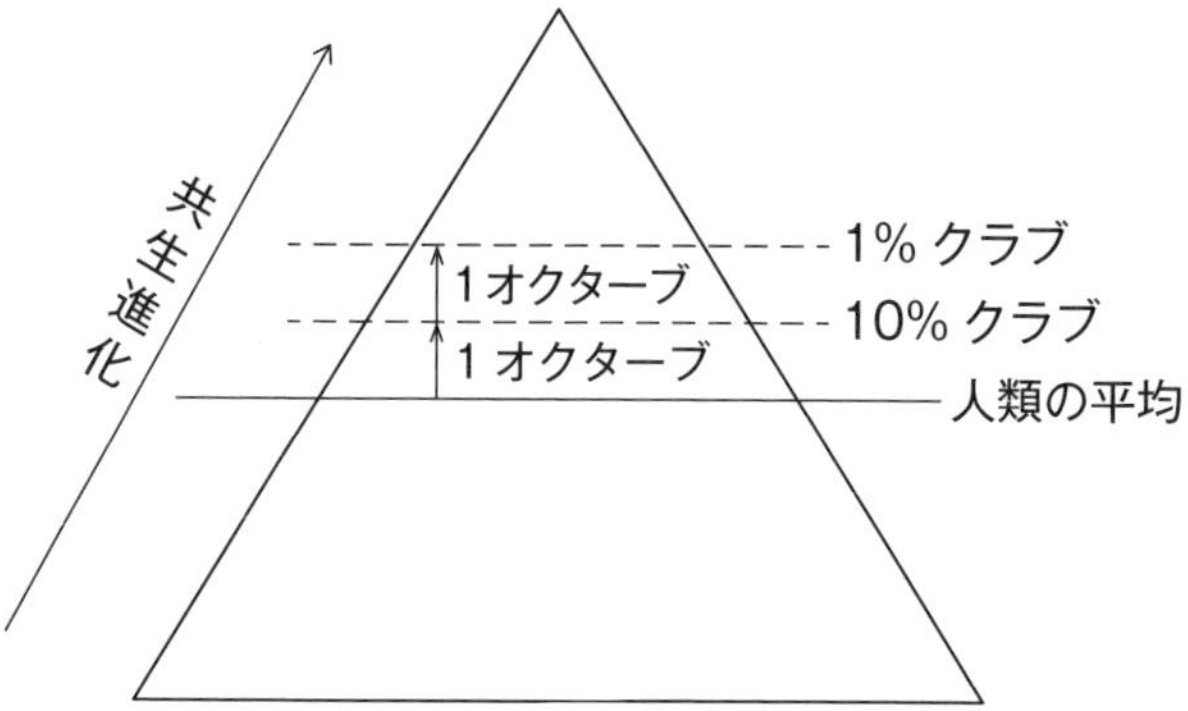

1%クラブと10%クラブ

エネルギーは逆転します。

あなたに対して、「人類の存亡をかけた最後の戦いの最前線に立つ勇気と覚悟がありますか」と問いかけた本当の意味は、「あなたが発することができるエネルギーを100倍に高める覚悟がありますか」ということです。しかし、現在の世界で100倍のエネルギーを有している人はどれくらいいるのでしょう。千人に一人でしょうか。1万人に一人かもしれません。でも間違いなくいますから、まずあなたがそこを目指してください。

もちろんあなた一人が100倍に高めることに成功したとしても、それだけでこの世界が変わるわけではありません。ではどれだけの人が成功すればいいのか。全体の1%の人間がこのチャレンジに成功すればこの世界は確実に変わります。あなた自身がこのチャレンジに成功するとともに、その成功の環を全体の1%まで広げていくのが目標です。この一連の活動を「1%クラブ」と名付けます。1%クラブとはあなた自身が発するエネルギーの大きさを100倍にし、その仲間を広げていく活動です。

さて、裏の世界でエネルギーを引き上げるとはどういうことなのかを説明します。

エネルギーの大きさは振動数で決まります。振動数が倍になると音の世界では1オクターブ高い音となります。そして振動数の変化は対数の関係になります。1オクターブ高めると、エネルギーの大きさは「2倍」ではなく「2乗」となります。すなわち10倍です。ですから100倍とは2オクターブ高めることです。

私たちはどうしてこの世界に生まれてくるのでしょう。それは裏の世界（エネルギーの世界）だけでは自らの振動数を変化させることができないからです。振動は行動によってのみ変えることができます。なので、表の世界と裏の世界がセットとなったこの世界に生まれ、自らの振動の変化を楽しみます。

魂は、自らの振動数を引き上げるためにこの世界に生まれてくるのです。そしてこの世界で様々な経験をした結果、高めることに成功する魂もいれば、落ちていく魂もいます。

そして生まれる前の場所に帰る時、1オクターブ高めることができていれば、その人生は大成功と言えます。1オクターブ高めるとは次元を一つ上昇させるくらいの違いがあります。それを2オクターブ高めようといっています。

2オクターブを一気に駆け上がるのはとても困難です。不可能だと断言できます。でも、今この文章を読んでいるあなたならできます。なぜならあなたは既に1オクターブ高いところ（このステージを「10%クラブ」と名付けます）に立っているか、そこに立とうとしている人だからです。そういう人のところにしかこのメッセージは届きません。ですからあなたは今立っている場所からさらに1オクターブ高いところに上がるだけでよいのです。

4　1%クラブにようこそ

もう一度聞きます。自らの意識をさらに1オクターブ引き上げる覚悟がありますか。

今、「はい！」と答えてくれましたよね（笑）

「1%クラブにようこそ！」

それでは今から入会の手続きを説明します。

いえいえこのクラブには規約もなければ名簿もありません。私や周りの人に宣言する必要もありません。そして仮に入会すると手を挙げてくれたとしても、自動的に入会できるものでもありません。まずは、あなた自身の魂と約束をしてください。魂はそれを望んでいるので、必ず力になってくれます。

これからあなたが取り組むべき大まかな手順についてお話しします。しかしその方法は一つとは限りません。本来であれば、それぞれ独自の方法を自らの力で見出すべきなのですが、農哲シリーズの『農から学ぶ「私」の見つけ方』で紹介している内容に沿った方法を以下に示します。

5　目線を変える（小さなさとり）

最初にすることは「目線を変える」ことです。

農哲では「外向きの目線を内向きの目線に」と言ってきました。そして『農哲流コロナ後の世界再生論』のなかで鴻上さんは、「人間目線から蟲目線へ」と言っています。この両者はほぼ同じ意味です。自我の中にある通常の目線を、自我の外に出すということです。

目線を変えると普段見ている景色とは異なる景色が見えます。そのことで、これまで悩んできたことやどうしても解けなかった疑問などの答えが見つかります。この感覚は「さとり」に近いものがあります。本来のさとりとは異なるのでこれを「小さなさとり」と呼ぶなら、小さなさとりは比較的簡単に誰もが体験できます。しかし難しいのが、「さとり続ける」ことです。目線を変えることで一瞬その答えがわかったように思いますが、次の瞬間目線は元に戻っています。わかった気分が一瞬で消えます。答えをそこに留めるためには目線を外に出し続けることが必要で、それにはトレーニングが必要です。

日々の生活をシンプルに正し、今なすべきことに意識を集中してそれをやりきることです。そして自分の感情の揺らぎを観察し続けます。ほぼこれだけです。そして目線を変える感覚が普通の感覚になってきたら、もう大丈夫です。あなたは小さなさとりを習得し、新たな価値観の下で生き始めます。

これだけであなたは既に1オクターブ上がっているのですが、小さなさとりであなたに何が起こったのかをもう少し説明します。

人間はすべて、生まれるときに固有の波形を有しています。これを個性と呼びます。その波形をどれだけ多く（高く）振動させることができるかが進化です。しかし人が生きていく過程において、この波形に「ごみ」が付着して形が崩れていきます。農哲ではこのごみを「心の硬板層」と呼びますが、波形としてみるならこれは「ノイズ」です。波形を高く振動させようと思っても、その中にノイズが含まれていると、うまく振動させることができません。ですからまずこのノイズを取り除かなければなりません。包丁を砥石で研ぐような感覚です。自らの個性を研ぎ出すのです。それが日々の生活をシンプルに正すことです。そしてノイズの存在は、自分の感情の揺らぎを観察することで見つけることができます。

次に波形を振動させるために行動します。波形は思考しても振動することはありません。振動は行動によってのみ生まれます。その行動は今なすべきことです。別に特別な修行をする必要はなく、日常の仕事や家事などです。それらのことと正面から向き合い、やりきることです。そしてその行動を積み重ねていきます。そのことによって今までと同じ行動をとっていても、自分のための行動から人のための行動へと変化していきます。これが意識の進化です。利己的な意識が利他的へと進化します。

ここまで進めばあなたは既に立派な1%クラブのメンバーとなっています。

6　10%クラブの過ち

意識を1オクターブ高いところまで進化させた人を10%クラブと名付けました。ここまで進むことも容易ではありませんが、数多くの方が成功しています。このメッセージを読んでくれているあなたもその一人です。しかし多くの人がここで足踏みしてしまいます。私も30年もの間このレベルをさまよっていました。ですから足踏みしてしまう理由もよくわかります。

10%クラブまで意識を進化させると、世の中の様々な過ちがよく見えてきます。そのことで苦労している人々の姿も見えてきます。そして今の自分にできることとして、少しでもその過ちを正すために、反対運動に参加したり、周りの人々に正しいことを伝えようとします。しかしそのような活動にいくら取り組んだとしても、一時的かつ限定的な成果は得られるかもしれませんが、その根っこのところは何も変わらず、この世界を変えることはできません。その先に答えはないのです。でも「無駄なこと」とは言いません。今が平時であれば、たくさんの失敗やむなしさを体験することはとても貴重な経験です。でもそれはもういいではないですか。私がたくさん体験（失敗）したので、それで勘弁してください。今は前に進みましょう。

でもそれは、あなたの周りの人を見捨てるということではないのです。

今あなたの目の前で溺れている人がいたとします。あなたが手を差しのべればその人を助けられるなら、躊躇なく助けなければなりません。しかし、5人10人と溺れているなら、下手に手を差しのべると逆にあなたが水の中に引きずり込まれるのです。

あなたは別の手段で助ける方法を見出さなければなりません。

人を助けたいのなら、助けるだけの能力（資格）をまずは身に付けることが必要です。1%クラブとは、99人の上に立つということではなく、99人を助けるための資格を身に付けることなのです。

それは自分の中にゆるぎない柱を打ち立てることです。10%クラブではこの柱がまだふらふらしています。このような状況で多くの人の中に入っていくと、周りのエネルギーに引っ張られ、自らのエネルギーも沈んでいきます。しかしこの柱がしっかり立っていれば、多くの人の中に入っていってもあなた自身は揺るぎません。周りの意識を引き上げる力が生まれます。今優先するべきことは、あなた自身を確立させることです。

7　自然農を実践する皆さんへ

話は少し寄り道します。

これまでの私の作品の中で、自然農を実践している人々に対してネガティブに受け取られるような表現を使っているところがあります。しかし私自身が自然農を実践している人間であり、自然農をネガティブにとらえているはずがありません。自然農に取り組むには様々な困難があり、その困難を乗り越えて自然農を実践し続けているのはとても素晴らしいことです。自然農を実践する多くの人には意識の進化が起こっており、既に1オクターブ高いところ（10％クラブ）まで来ています。

だからこそ見ていてじれったくなるのです。

せっかくそこまで苦労して登ってきたのに、どうしてそこからさらに先に進もうとしないのでしょうか。あなたたちこそが人類の意識の進化の最先端を切り開いていていくべきなのです。

多くの農家さんを観察していると、その人の意識のさらなる進化を邪魔している共通した要因を見つけることができます。それが自然農法です。正確には「あなた」が実践する自然農法です。それは今のあなたを導き支えてくれるものです。それはあなたにとっての基盤であり拠り所です。しかし実態はそれに寄りかかっています。

これは農家さんだけではなく、10％クラブまで意識を進化させることができた多くの人に共通する現象です。それまでの自分を支えてくれた拠り所に依存します。

ではどうすればよいのか。いったん手放すことです。自分が実践してきた農法をいったん白紙に戻します。そして目的を思い出します。自然農法が目的ではなかったはずです。

少しでも健康で安全な作物を消費者に届けたい！　という初心を思い出し、もう一度ゼロからそれを実現するための農法を構築していってください。今実践している農法は過去の自分にはベストでした。しかし意識の進化とともにベストな農法も進化させなければならないのです。ゼロから再構築した結果、まったく同じ農法にたどり着くかもしれません。しかし意識は進化しています。この農法はまだまだ未熟であり、さらにどんどん進化させていかなければならないと思えるようになります。この感覚を絶えず持つことが大切なのです。意識が進化に向けて再び歩き始めた証なのです。意識の進化が農法の進化にシンクロします。

8　オートマティックに生きる

意識を進化させることに成功し1%クラブに無事入会できたとしても、誰かが入会証を発行してくれるわけではなく、自力で自分の状況を判断しなければなりません。それでは自分にそのような資格ができたかどうかを確認するにはどうすればいいでしょう。自己診断の一つの方法がオートマティックな現象が頻繁に起こるようになっているかどうかです。オートマティックな現象とは、何かをしようとした時、勝手に必要な状況が整っていく現象です。

私にそのような現象が頻繁に起こるようになったのは、農業を始める前後からでした。

最初はラッキーと思いましたが、それがたび重なるとだんだん怖くなってきました。自分に起きていることを心の底から信じられないという感覚が続きました。

和歌山に帰る時、東京に持ち家がありましたが、息子が引き続きそこに住んでいたので、本格的な引っ越しは行わず、最低限の荷物を持って和歌山に来ました。1年がたち、東京に残してきた荷物もそろそろ片づけようと思い、1週間の予定で東京に帰ることにしました。

東京の友人とは1年以上会っていませんでしたし、そしてこの機会を逃せば次にいつ会えるかもわかりません。東京に帰る直前に15人の友人に、「この期間東京にいるので、もし都合の良い時間帯があれば、会ってお話ししませんか」というメールを発信しました。移動中にその返事が返ってきました。全員が「会おう！」と言ってくれ、「○日の○時ごろなら大丈夫」という返事をくれました。その返信を予定表に書き込んでいくと、空いている場所に次々と予定が入っていくのです。だんだん怖くなってきました。そして最後の一人が、既に予定が埋まっているところを指定してきました。

「これが普通だよ！」と少しホッとしました。ところがしばらくして、その彼から再度メールが入り、「さっき希望した日時が都合悪くなった。申し訳ないけどこの日に変更してくれ。」当然その場所は空いていました。

これがオートマティックの例です。と言いたいところですが話はまだ続きます。

荷物の片づけをしに帰るので、夜の時間帯に予定を入れないようにしていたのですが、午後の早い時間と遅い時間など一日に3名前後の予定が入れられたので、15人全員と会うことになってもまだ2か所、予定の入っていない時間帯がありました。

東京の家に着くとその日は休みだった息子が待っていてくれ、「父さん、今年は我が家が班長だと言われた」というので、「通常は回覧板を回したり集金をしたりといった簡単な仕事しかないので、そんなに問題はない。でも万が一、班の誰かがお亡くなりになった場合、班長が班全体の行動を仕切らなければならないので、その時は覚悟して周りの人に教えてもらいながら頑張ってやってほしい」そんな会話をしました。

その会話から30分もしない頃、遠くで救急車の音が聞こえました。最初は何気なく聞いていましたが、その音はだんだん近づいてきます。エッ！　と思って飛び出すと、救急車は2軒隣の家の前に止まりました。

その家は老夫婦の二人暮らしの家ですが、ご主人が前の晩遅くまでお仕事をされていたので、お昼過ぎてから起きてきたところ、奥さんがすでに亡くなられていました。突然死です。私は奥さんに呼ばれてこのタイミングで東京に帰ってきたのでしょうか。

私は班長としてご主人のサポートをしながら、親族が到着するのを待ちました。そして一息つける状況になったので自分の家に戻り、班の皆さんに状況を説明するペーパーを作りました。そして今後の日程など詳しい内容をそこに書き加えるために再度家を訪問し、その後の経緯を教えてもらいました。

私の予定表に空いていた二つの空欄は、お通夜と告別式で埋まりました。

「お前はここまでしてやらないと我々のことを信じることができないのか。このバカ者！」

我々とは誰なのか、それは知りませんが、このことを経験してからの私は、自分の身に起こることが良いことであっても悪いことであっても、それを素直に受け入れ、今の自分がなすべきことに専念することができるようになりました。それがオートマティックな現象かどうかを意識することもなくなりました。今なすべきことをやりきることだけが大切であり、その結果はどうでもよかったのです。

水の流れに身を任すように時間の流れに身を任せるようになりました。やることに集中しながらも水に浮かんでいる感覚でいることです。私はカナヅチなので水に浮かぶことができないのですが（笑）

ここまでいくとあなたは既に1％クラブを卒業し、その先に歩み始めています。

９０・1%クラブへようこそ

１%クラブまで進化すると、あなたの人生は大きく変わります。様々な悩みや試練はその姿を消しています。現象としては同じ状況が続いているかもしれません。でもそのことに苦痛を感じなくなるのです。そしてすべてのことに感謝し、ワクワクする人生を過ごせるようになっています。

ですから人生を楽しく過ごすことが目的であればここが一つのゴールです。しかし私たちはこの世界を救わなければなりません。それにチャレンジする資格を持っただけなのです。ここが入り口であり、さらにこの先に歩んでいかなければなりません。

１%クラブの力によって「日本全体」を変えようとするなら、たとえ全体の１%の人が行動すればいいといっても１００万人の人を巻き込まなければなりません。それはとても困難です。しかし対象とする「地域」を限定すればどうでしょう。全体の１%という数字は現実的な数字となってきます。そしてある地域において表の世界を救うための「型」（モデル）が生まれれば、それは一気に全国に広がるのです。

その為に次にすることは1%クラブの環を地域内に広げていくことです。

一つの方法として、あなたが1%クラブまで自らの意識を進化させることができたなら、あなたの変化は周りの人にもしっかりと見えています。あなたが外に向かって何もしなくても、あなたは既に周りに対して良い影響を与え始めています。そしてあなたの生き方が素敵だというあなたのファンも生まれてきます。その中の一人に対して、あなたが体験してきたことを伝え、あなたも1%クラブを目指しませんか、と勧誘する方法があります。あなたのバトンを誰かに渡すことができたなら、それはとても素晴らしいことです。

しかしもっと効果的な方法があります。

あなたが1%クラブのメンバーになったなら、あなたの周りには同じように進化した人々が集まってきます。これは引き寄せの法則によって必ずそうなります。

その人たちと力を合わせて1%クラブのさらにその先に歩み始めるのです。

1%クラブまでの道のりは何とか自力で登ることが可能です。しかしその先は他の1%クラブの人たちと力を合わせてお互いに引き上げていきます。
このことでさらに1オクターブ上の「0・1%クラブ」の世界が見えてきます。

10 遊びを極めよう

1%クラブの同志があなたの周りで見つかったなら、そこから先は共鳴現象によってその先に進んでいくことができます。共鳴は2人でも起こすことができますが、できれば3人で協力し合うのが良いと感じます。そして3人で「遊び」ましょう。次のテーマは「遊びを極める」です。

あなたが1%クラブのレベルまで意識を進化させることに成功したなら、既にあなたの中で「遊び」に対する感覚が変化しています。一緒にカラオケに行くとかスポーツをするとか、それはそれで楽しいですが、ここでいう遊びとは、魂が喜びで打ち震える感覚を楽しむことです。

あなたを含めて3人の遊び仲間が見つかったなら、何をして遊ぶかを相談します。3人はそれぞれ異なる個性を有しています。3つの個性が共鳴するテーマを見つけます。そして実行に移します。

この時、裏の世界では何が起きているのでしょうか。あなたは既に一つのエネルギーの柱を打ち立てています。その柱が3本集まります。その3本が共鳴しながら上方に向かってエネルギーを強く放出すると、そこに一つの渦が生まれます。この渦こそが進化の正体です。3つのエネルギーの柱が、渦を伴う大きなエネルギーの柱を生み出します。そしてその渦に引っ張られてあなた自身のエネルギーも上昇（進化）します。この時あなたは、ワクワクとした感覚を楽しんでいるはずです。このワクワク感が意識が進化中であることのサインです。人生をどこまで楽しめるかが次のチャレンジなのです。

そしてこの渦巻はさらなる効果を生み出します。周辺のエネルギーを引き寄せる強力な吸引力を生み出すのです。この吸引力によって、あなたの周りに既にいる10%クラブの人たちが吸い寄せられてきます。そして彼らを巻き込み共鳴することで、彼ら自身の意識を進化の方向へと導きます。

全体の1%の人間の力でこの世界を変えることができます。しかしその1%は、全員が1%クラブの資格を有している必要はなく、10%クラブの人も巻き込んで全体の1％の人間を結集できればこのチャレンジは成功です。

しかし現在10％クラブにいるというだけではその人たちは戦力となりません。意識を進化させる方向に動いていなければ役に立ちません。動きこそがエネルギーであり、立ち止まっている人は戦力外です。ですから渦に巻き込み、まだまだ進むべき先があると気づかせることが必要です。10％クラブを卒業し、1％クラブ予備軍へと導く必要があります。

このような渦巻きの柱が、限定された地域の中で複数立ち上がっている姿を想像してみてください。裏の世界では間違いなく再生に向けて大きく舵を切ります。

裏の世界を変えた後は表の世界を変えていく方法です。

11　表の世界にも1％クラブがあった

ここで表の世界がどういう世界であるかを確認しておきましょう。表の世界は1％の支配する人々（富裕層）と99％のそれを支える人々で構成されています。

私たちは99％の側におり、そこから1％の中に入っていくことは極めて困難です。

そして1%の人々はこの世界を変えようという意志を持っていません。たとえ地球が滅びても自分たちは生き残ると信じています。そして本当に地球が危ないと感じたら（すでに感じていると思いますが）、地球環境が維持できるところまで全体の規模を小さくすることを考えます。すなわち99という数字を小さくすることです。

この考えが当たっているかどうかは知りませんが、彼らの立場に立って考えるとその答えしか出てこないと思います。

いずれにしてもこれまでに築かれた社会システムは彼らが生存していくための基盤でもあるので、決してそれを変える意志はありません。

しかし今日の社会システムには矛盾が至る所にあります。それに気づいてそれを正そうと様々な活動に取り組んでいる人々もいます。そして一部でその成果が出ているケースもあります。しかしそれは、1%の彼らにとって痛くも痒くもなければ勝たせてくれるのです。

本気で彼らに勝とうとしたら、確実に私たちはつぶされます。彼らはこれまで勝ち続けてきたからこそ今の地位にいます。戦いの素人である私たちをひねり潰すことなど朝飯前なのです。

表の世界に立って彼らと戦ってはいけません。

私たちはレジスタンスのごとく地下に潜って、彼らのよって立つ基盤を少しずつ消していきます。私たちがとるべき戦術は彼らの安楽死です。

12 安楽死への誘導

表の世界は、お金というツールを使ってエネルギーを一点に集約する仕組みで動いています。彼らの拠り所は資本主義経済システムです。

彼らを安楽死へと導くためには、この資本主義経済システムを弱体化させなければなりません。しかしこれはこれで大ごとです。ですが地域を限定すればそれは可能です。過去に地域通貨がブームとなったことがあります。この仕組みを参考にして通常の通貨を利用しながらも地域でクローズな経済を構築していきます。

これまで意識を進化させる手順を説明してきました。1％クラブまでの道のりは日常を変えずに（今までの仕事に従事しながら）意識を進化させる方法を示しました。そして次のステップでは、非日常的な取り組みとして遊びを極める方法を述べました。そこでは3人のエネルギーが融合した新たなエネルギーが生み出されます。その新たなエネルギーに社会的価値をつけていくのが次のステップです。お金が動く仕組みを入れていきます。

そこに経済性を伴わせることで、非日常的な遊びが日常的な遊びへと進化します。そして地域の中に複数の日常的遊びが生み出されてきたら、それらをネットワークでつなぎ、そこに循環を形成します。

しかし誰もが日常的な遊びに参画できるというわけでもありません。物理的に不可能な人は無理をしてはいけません。まずは自分のお金の使い方から変えていきましょう。

13　クサビを打ち込む

私たちのチャレンジの全貌がうっすらと見えてきたでしょうか。

しかしまだまだハードルは高いです。私たちの目標は表の世界を救うことです。たとえ裏の世界でエネルギーを逆転させ、地下に潜って新たな経済を生み出しても、表の世界は簡単には変わりません。表の世界は物質世界です。物質世界では変化に対して抵抗が生まれます。裏の世界の変化を表に伝搬させていくための突破口を作らなければなりません。

表の世界にクサビを打ち込むという大仕事が必要です。

その取り組みの一例を『農哲流コロナ後の世界再生論』で紹介していますが、彼ら（共著者の鴻上さんなど）はとても高度で難解なテーマにチャレンジしてくれているように見えます。それは確かにそうなのですが、彼らもただ遊んでいるだけです。「100%全力で遊び続けている」ところが凄いところです。

そして彼らの取り組みは彼らだけでは成立しません。後方の支援部隊からエネルギーを供給し続けないと、彼らは孤立し潰されてしまいます。

私たち一人ひとりの取り組みと彼らの取り組みが融合していく先にしか私たちのチャレンジは成功しません。そして成功の先に私たちが今まで見たことのない景色が生み出されていきます。

どのような世界が私たちの目の前に現れてくるのでしょう。私たちは決定的瞬間を目撃する歴史の立会人として、共にワクワクしながらその最前線に立ちましょう。最前線を歓喜で満たすことで素敵な未来が近づきます。答えは必ずあります。

おわりに

「エネルギーが空っぽになった人が、よくこれだけのことが出来ますね！」と早速我が家の編集長（明子）に突っ込まれました。

私は生きるのに疲れて和歌山に帰ってきたわけではなく、子供のころから抱いていた想い（地球のために役に立ちたい）に対して、大きく挫折して帰ってきました。それ以外は普通で、むしろ今までできなかったことに没頭しました。でも、子供のころからの想いを手放したことで、第2の人生が大きく変わったのだと思います。一気に時計の針が高速で動き始めました。

特に令和4年度の1年間は本当に凄まじいものでした。本業である農業が最も忙しい一年となり、そこからわずかな時間をひねり出してみかんのもりプロジェクトに投入しましたが、明子が全力で引っ張ってくれたことと、オートマティックの神様のお陰です。

オートマティックとは、これから取り組むことが先に先にと環境が整えられてゆく現象のことで、農哲シリーズ『農から学ぶ「私」の見つけ方　オートマティックに生きる』の中でどの様に内面を整えていけばこのような現象が起きるようになるかという事について書きましたが、どの様な真理が働いてこのような現象が起きるかについては「不思議なことですが」としか書けませんでした。しかし、令和4年度に限ってみても、例えば「必要な人が必要な時に突然目の前に現れる」という現象は何度も起きました。これを「不思議なこと」で済ませていては、農哲学者と呼べません（名乗っていませんが…笑）。

共生進化論的に見れば、「共鳴して引き寄せる」と言えますが、この説明ではどうも違和感があります。共鳴は自ら発振したエネルギーに反応する現象ですが、オートマティックの場合、まだ何も発振していないのに、勝手に環境が整っていくのです。無意識のレベルで、全てを知っている「私」が勝手に発振してくれているのかもしれませんが、もっと科学的な答えが知りたい。

そして最近、これは呼吸法だ！　と思ったのです。呼吸法のポイントは、息を吐くことです。徹底的に吐ききることで、新鮮な空気は勝手に体の中に入ってきます。吸うことに意識を向ける必要はなく、むしろ邪魔です。吐くことだけに意識を向けます。そのことに集中するだけで、様々なことが勝手に整っていきます。オートマティックも、体の中からエネルギーを絞り出すことに意識を集中するだけで、勝手に新たなエネルギーが体の中に流れ込んできます。そのことでエネルギーの流れが生み出されるので、勝手（オートマティック）に環境が整ってくるのではないでしょうか。本書風に言うならば、意識（吐く）と無意識（吸う）を交互に繰り返すことで、両者が融合し、そこに新たなエネルギーが生まれるように感じます。まだまだ真理と言えるレベルではありませんが、令和4年度は、日々エネルギーを絞り出すことに明け暮れた一年でした。お陰でこの本も出版出来ました。

農哲シリーズが完結した後、次は「進化」をテーマにしたいと思いました。一方で、いま私たちが下津で取り組んでいることを多くの人に（特に身近な人たちに）伝えたいとも思いました。二つの想いがあり、両者は読者層が異なりますから、次に本を出すとしたらどちらで行くのかで悩みました。一冊の本として出すことも考えましたが、マーケティングの会社で働いていた者として、ターゲットの異なる内容を一冊の本に詰め込むことはあってはなりません。でもその無謀なチャレンジも境界線を消していくことになるのではないかと思ったのです。私にとってこれまでの農哲シリーズの読者も、下津で一緒に汗を流してくれている仲間も、大切で大好きな人たちです。両者を本書で融合することはできないだろうか。従来の読者や私のみかんのお客様には、下津というまちもひっくるめてファンになって頂きたいし、下津の仲間には、農哲の世界ものぞいてもらって、新たな発見につなげてほしい。異なる読者を想定した本文（理論編と実践編）が融合して相乗効果を発揮してくれるのか、あるいは分離して失敗作となるのか、ドキドキしながらその結果を待っています。

本と言えば、「森さんはどうして本を書くのですか」という質問を時々受けます。そんなの楽しいからに決まっていますが、公式の回答としては、「自分が学んで得たものを一人でも多くの人とシェアしたいから」と答えていたはずです。ところがある時、「未来の自分への伝言です」と答えたのです。自分でもちょっと驚きましたが、そうそう！　と思い出しました。

私は輪廻転生を信じていますが、生まれ変わるとき、過去性の記憶は消されてしまいます。そして魂が生まれ変わる目的は、魂を少しでも高いところに引き上げる事です。私は今生において、少しだけ高いところに魂を引き上げてもらい、今楽しい景色を見させてもらっています。しかしそれは自力ではないのです。私には「暗黒の10年」と自ら呼んでいる、全く光が差し込まない暗闇を必死にさ迷い歩いていた時代があります。その時の私をサポートしてくれた人たちがいます。そのサポートのお陰で過酷な経験を乗り越えることができて、「成長」というプレゼントを頂きました。

しかし、今生の成長は来世には持ち越せないのです。エネルギーとしては持っていけると思いますが、記憶は消されるのでゼロクリアーです。そうであっても、生まれ変わった時は、今生より高いところまでさらに歩んでいきたいですよね。でも今生のあの苦しい経験は二度としたくはない。だから生まれ変わるときに、神様に一つだけお願いをしようと決めています。「私が書いた本に出合わせてほしい」と。自分が書いた本かどうかは分からなくても、そこに書かれている内容はスッと入ってくるという自信はあります。だから私の本は売れなくても良いので（文芸社さんごめんなさい）、長く読み続けられる本であってほしい！　勿論売れたらなお嬉しい（笑）

未来の自分への伝言としてもう一つ書き残します。妻の明子の来世はフライトドクターとして活動するそうです。そして私とは先生と患者として出会うらしい。それだと私は大けがをしないといけないので、私はイヤだといったのですが、「そのくらい我慢しなさい。そして私は、このくらいの傷はツバつけとけば治ります！　というから覚えておくように！」はい。そのこともこっそりここにメモっておきます。

最後まで読んでくれたあなたに、心より感謝いたします。

参考資料

『脳と森から学ぶ日本の未来　〝共生進化〟を考える』（WAVE出版、稲本正著、2020年）
『パワーか、フォースか　人間のレベルを測る科学』（三五館、デヴィッド・R・ホーキンズ著、2004年）
『自然は脈動する　ヴィクトル・シャウベルガーの驚くべき洞察』（日本教文社、アリック・バーソロミュー著、2008年）
『人新世の「資本論」』（集英社新書、斎藤幸平著、2020年）
『物質と精神を繋ぐフォノグラム　音の図形』（蓮華舎、小野田智之著、2020年）

農哲シリーズ　好評発売中

農から学ぶ哲学

宇宙・自然・人　すべては命の原点で繋がっていた

文庫判・164頁・本体価格600円・2017年
ISBN978-4-286-18214-8

農業から学ぶシンプルな法則（真理）は、自然界に限らず、人間一人ひとりの世界にも投影されており、人間が作り出す社会にも投影されています。それらに気づき理解することで、誰もが自分の生き方を見直すことができるという一冊。社会の中の本物と偽物を見分ける力も身につきます。全ての人の人生に繋がるエッセンスがたくさん詰まっています。

農哲シリーズ　好評発売中

農から学ぶ「私」の見つけ方

オートマティックに生きる

文庫判・144頁・本体価格600円・2020年

ISBN978-4-286-21432-0

心の硬板層を破って「あるがままの私」を見つけよう!! 「あるがままの私」とは、自分の個性が100％発揮されている状態です。するとオートマティックな人生を歩み始めます。今なすべきことをやりきると、次に新たなエネルギーが流れ込んできます。今なすべきことがエンドレスでやってきます。そしてあなたの夢は、いつのまにか実現しています。

――そんな人生の指南書。

農哲シリーズ　好評発売中

農哲流
コロナ後の世界再生論

「私」が主人公

文庫判・152頁・本体価格600円・2021年

ISBN978-4-286-22306-3

自然界ではバランスが崩れると、そのバランスを取り戻そうという力が絶えず働きます。そのきっかけがコロナウイルスだったとしたら…。ピンチをチャンスに変えて、コロナを体験した今だからこそ、人々に伝わるメッセージをお伝えしたいと思います。

農哲シリーズ三部作、ついに完結。

著者プロフィール

森 賢三（もり けんぞう）

1960年、和歌山県に生まれる。
埼玉大学卒業後、㈱インテージに入社。
環境問題や地域経営のコンサルタントとして活動後退社。
2010年より和歌山県に戻り、みかん農家として今日に至る。
下津蔵出しみかんシステム日本農業遺産推進協議委員（2018～）
2023年「株式会社みかんのもり」を設立。

著書
『地域再生の処方箋 ～スピリチュアル地域学～』（文芸社 2009年絶版）
『農から学ぶ哲学 宇宙・自然・人 すべては命の原点で繋がっていた』（文芸社 2017年）
『農から学ぶ「私」の見つけ方 オートマティックに生きる』（文芸社 2020年）
『農哲流 コロナ後の世界再生論 「私」が主人公』（文芸社 2021年）

地域を救う不思議な方法 ―農哲流共生進化論―

2023年11月15日 初版第１刷発行

著 者 森 賢三
発行者 瓜谷 綱延
発行所 株式会社文芸社
〒160-0022 東京都新宿区新宿１－10－１
電話 03-5369-3060（代表）
03-5369-2299（販売）

印刷所 株式会社フクイン

©MORI Kenzo 2023 Printed in Japan
乱丁本・落丁本はお手数ですが小社販売部宛にお送りください。
送料小社負担にてお取り替えいたします。
本書の一部、あるいは全部を無断で複写・複製・転載・放映、データ配信することは、法律で認められた場合を除き、著作権の侵害となります。

ISBN978-4-286-24705-2